現代基礎数学 14

新井仁之・小島定吉・清水勇二・渡辺 治 編集

離散構造

小島定吉 著

朝倉書店

編 集 委 員

新井仁之(あらいひとし)　東京大学大学院数理科学研究科

小島定吉(こじまさだよし)　東京工業大学大学院情報理工学研究科

清水勇二(しみずゆうじ)　国際基督教大学教養学部理学科

渡辺治(わたなべおさむ)　東京工業大学大学院情報理工学研究科

まえがき

　本書は，東京工業大学理学部情報科学科 3 年生向けの科目「組合せ理論」の講義ノートを発展させた，学部学生向けの離散構造の教科書である．離散構造は数学の分野としてはあまりに幅広く，そのためなかなか体系化しにくく，教育の内容もまちまちという現状がある．一方で，進展著しいコンピュータサイエンスの各所ではその有用性が指摘されており，情報関係の多くの学科でカリキュラムの中に組み込まれている．離散構造の数学的扱いに慣れておくと，たとえばプログラムがスマートに書けるなどの実効があるといわれている．

　離散構造の対象は文字通り単なる離散集合なので，そこに何の構造もなければ，数学的にはせいぜい要素の個数が話題になるだけで何も始まらない．しかし演算などの代数構造，あるいは位相などの幾何構造が入ると，様々な話題が生まれ，その数学はたいへん面白くなる．高校数学までの知識でできることでも十分だが，大学数学を少し聞きかじっているとその世界は広がる．さらに本書は，読者が大学の初年時に学習する微積分と線形代数に加え，群論などの代数系，位相空間論，複素関数論，多様体論の初歩の知識を有していることを想定し，数え上げ，グラフ，初等整数論の三つの話題を選んだ．内容はそれぞれ独立しているが，互いに無関係ではなく，前から順を追って読めばそのリンクに気づくだろう．

　離散数学とか組合せ理論は数学の一分野として確立しているが，私が初めてこの分野に接したのは，首都大学東京の前身である東京都立大学で助教授になって間もない頃，一学生から受けた「n 項の文字列を 2 項ずつ括弧で括る括り方の総数はいくつか？」という質問でである．いろいろ考えてみたが分からずギブアップしたのだが，その数年後に東工大で「組合せ理論」を講義することに

なり，準備をしたら，ポリアの本にそれがカタラン数（例 1.1.7 参照）だということが書いてあった．質問した学生は答えを知っていて，私が悶々とするのを冷やかに見ていたのかも知れない．悔しい思い出だが，その後，私は離散構造に関する話題には敏感になり，何度も驚くべき最新成果を聞く機会もあり，本書を執筆するに際して私なりにいろいろ思いを巡らした．

冒頭にも記したが，離散構造を体系化するのは難しいので，本書はトピックを限定した．第 1 章は，数え上げの手法を母関数というキーワードでまとめた．とくにディリクレ母関数の扱いはユニークかもしれない．第 2 章は，グラフの初等理論を位相空間の知識を前提にまとめた．2 分木の回転の回転距離やエキゾチックな正多面体などの最近の話題も含めた．第 3 章は，コンピュータサイエンスに現れる初等整数論をダイジェストし，素数判定のために必要な計算時間が入力桁数の多項式オーダーに収まるという最近の成果も紹介した．当初，内容がバラバラになるかと想像していたが，でき上がってみるとそれなりにまとまった読み物になったのではないかと思う．後は読者の意見を待つばかりである．

本書を執筆するにあたり，たいへん多くの方にお世話になった．すべての方に謝意を尽くすのは不可能だが，とくに，図版を作成下さった井上歩氏，および忍耐強く原稿の完成を待って下さった朝倉書店編集部の皆様には，この場を借りて格段の謝意を記しておきたい．

2013 年 1 月

小 島 定 吉

目　　次

1. 数え上げの手法 ······································· 1
   1.1 母　関　数 ······································· 2
   1.2 整数について ····································· 22
   1.3 群作用と数え上げ ································· 26
   1.4 ディリクレ母関数 ································· 46

2. グ　ラ　フ ··· 60
   2.1 グラフの基礎 ····································· 61
   2.2 オイラー標数と連結度 ····························· 78
   2.3 二分木の回転 ····································· 92
   2.4 多　面　体 ······································ 107

3. 初等整数論 ·· 125
   3.1 1次合同方程式 ·································· 126
   3.2 巡回群の乗法群 ·································· 129
   3.3 2次合同方程式 ·································· 140
   3.4 素　数　判　定 ·································· 152

索　引 ·· 167

第 1 章
数え上げの手法

数え上げとは，たとえば「自分を含め男性 4 人，女性 2 人が円卓を囲むとき，自分の左右に女性が座るケース」などの，場合の総数を数える作業である．この場合，図 1.1 のように自分の座る位置を基準に考えて，その周りに女性が座る座り方は女性が 2 人しかいないので 2 通り，残り 3 席を男性が埋める順列が $3! = 6$ 通りで，計 $2 \times 6 = 12$ 通りある．

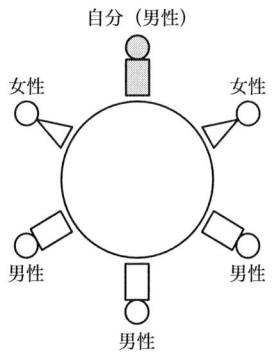

図 1.1　男女配置

この数を 6 の円順列 $(6-1)! = 5! = 120$ で割れば，男性である自分が女性に囲まれる確率が $12/120 = 1/10$ と計算できる．このように数え上げが役に立つ（？）場面は社会の至る所にあり，課題を抽象化すると数学の問題になる．数学では，たとえば正確に数え上げる，確率論的に数える，漸近的な挙動を調べるなど，数え方についてさまざまな蓄積がある．本章は，とくに母関数の考え方を使った数え上げの手法を解説する．

1.1 母 関 数

整数，実数，あるいは複素数からなる数列 $\{a_n\}_{n\geq 0}$ があたえられたとしよう．たとえば，見るからに容易に一般項が予測できる

$$1, 2, 3, 4, 5, 6, \cdots$$

とか，何やら訳の分からない

$$1, 0, 0, 6, 6, 6, 30, 54, 78, \cdots \tag{1.1}$$

あるいは

$$1, -\frac{1}{2}, \frac{1}{6}, 0, -\frac{1}{30}, 0, \frac{1}{42}, 0, -\frac{1}{30}, 0, \frac{5}{66}, 0, -\frac{691}{2730}, \cdots \tag{1.2}$$

のような列である．じつはこれらの数列はある規則によって生成されている．この節では，どのような規則がどのような数列を産み出すかをスマートに扱う方法を考えてみたい．

数列 $\{a_n\}_{n\geq 0}$ の第 k 項である a_k は，明示的に k の式で記されていたり，また漸化式等により帰納的に定義されていたり，あるいは k の式として具体的に書けていないが，k に関する何らかの条件で決まることが前提である．すなわち，ランダムな数の列ではなく，それなりの規則性をもっていることを念頭におく．母関数は，数列 $\{a_n\}_{n\geq 0}$ の各項 a_k を各々個別に考えるのではなく，$\{a_n\}_{n\geq 0}$ の要素をすべて同時に考えることがポイントである．一番素朴な例として，数列 $\{a_n\}_{n\geq 0}$ に対して

$$g = \sum_{n=0}^{\infty} a_n x^n$$

で定義される形式的ベキ級数（x に数値を代入することは考えず，右辺の無限和の収束を問わない級数）を，$\{a_n\}_{n\geq 0}$ のベキ級数型母関数という．数列の母関数といえばベキ級数型母関数を指すことが多く，他と区別する必要のない限り単に母関数とよぶことにする．

数列からえられる母関数は，数列が異なれば対応する母関数も異なる．すな

わち母関数は，数列を特定するのに必要な情報をもっている．しかしながら，これだけでは数列のベクトル表示を母関数として表示し直したにすぎない．母関数を関数と見なすと，さらなる解析的な計算や代数的な計算が可能である．たとえば，

$$1, 1, 1, 1, \cdots$$

のように 1 が永遠に続く数列の母関数は定義により

$$1 + x + x^2 + x^3 + \cdots$$

であるが，解析を使うことを許すなら，この級数は $|x| < 1$ で

$$\frac{1}{1-x}$$

に一致するので，適当な条件の下では形式的な計算以上の計算も可能になる．こうした見方が数列の扱いに大きな自由度をもたらす．

まず，形式的に済ませられる部分を確認しておこう．形式的ベキ級数同士には和差 $\pm$ および積 $\cdot$ の演算がつぎのように形式的に定義できる．

$$g = \sum_{n=0}^{\infty} a_n x^n, \qquad h = \sum_{n=0}^{\infty} b_n x^n$$

に対して，和と差は

$$g \pm h = \sum_{n=0}^{\infty} (a_n \pm b_n) x^n,$$

積は

$$g \cdot h = \sum_{n=0}^{\infty} \left(\sum_{i=0}^{n} (a_i b_{n-i}) \right) x^n$$

である．これにより形式的ベキ級数の集合は 1 を単位元とする環になる．すなわち，和と積が定義され，両演算に関する結合法則，二つの演算を組み合わせた分配法則をみたし，積に関する単位元をもつ，形式的ベキ級数環とよばれる代数系である．定義の詳細は適当な代数系の書物を参照してほしい．

実数や複素数を係数にもつ形式的ベキ級数は，定数項が 0 でないとき積に関

する逆元をもつ．この事実は逐次演算の帰結で，たとえば g, h を上述で定義された形式的ベキ級数とし $a_0 \neq 0$ とした上で $g \cdot h = 1$ とおいて $g \cdot h$ の形式的展開式と 1 を比較すると，

$$b_0 = 1/a_0,$$
$$b_1 = -a_1 b_0 / a_0,$$
$$b_2 = -(a_2 b_0 + a_1 b_1)/a_0,$$
$$b_3 = -(a_3 b_0 + a_2 b_1 + a_1 b_2)/a_0,$$
$$\cdots$$

と h の係数が逐次決まっていくことから分かる．たとえば $1 - x$ の逆元は，$1 + x + x^2 + \cdots = \sum_{n=0}^{\infty} x^n$ である．

形式的ベキ級数環は比較的単純な代数系で，形式的演算は容易である．他の代数的・解析的計算をするときは少々注意が必要だが，それにしても形式的には簡単なものである．

演習問題 1.1.1. $f(x) = \sum_{n=0}^{\infty} a_n x^n$, $g(x) = \sum_{n=0}^{\infty} b_n x^n$, $h(x) = \sum_{n=0}^{\infty} c_n x^n$ とする．以下に答えよ．

1) $c_n = \displaystyle\sum_{j+2k \leq n} a_j b_k$ のとき h を f と g で表せ．

2) $nb_n = \displaystyle\sum_{k=0}^{n} 2^k a_k / (n-k)!$ のとき f を g で表せ．

3) r が実数で，$a_n = \displaystyle\sum_{k=0}^{n} \binom{r+k}{k} b_{n-k}$ のとき f を g で表せ．

このようなあまり見かけない問題に馴染むため，1) については解答を記しておく．まず $n \geq 0$ について

$$c_n - c_{n-1} = \sum_{j+2k=n} a_j b_k$$

である．ただし $c_{-1} = 0$ と約束する．両辺に x^n をかけて，n に関して 0 か

ら無限大まで和をとれば，
$$(1-x)h(x) = f(x)g(x^2).$$
この等式の両辺に $1-x$ の逆元 $\sum_{n=0}^{\infty} x^n$ をかけて，
$$h(x) = \left(\sum_{n=0}^{\infty} x^n\right) f(x)g(x^2)$$
という $h(x)$ の表示がえられる．

例 1.1.2 (重複組合せ)．自然数 N を一つ指定して，1 から N までの自然数から重複を許して n 個取り出す取り出し方を重複組合せといい，その総数を a_n とする．このとき
$$a_n = \binom{N+n-1}{N-1} \tag{1.3}$$
である．まず，私が高校生のときに習った公式 (1.3) の導き方を紹介する．

重複組合せを一つ指定したとき，さらに 1 から N までの自然数をそれぞれ一つずつ加えると，1 から N までのすべての自然数を含む $N+n$ 個の数字の組がえられる．たとえば $N=6, n=8$ で小さい順に
$$1, 1, 2, 4, 5, 5, 5, 6$$
を選び，この組に 1 から 6 までを加えて小さい順に並べると，
$$1, 1, 1, 2, 2, 3, 4, 4, 5, 5, 5, 5, 6, 6$$
となる．この列には値が 1 増える場所が 5 箇所ある．一般には，増加する場所は，$N+n$ 個の数の列の $N+n-1$ 個の隙間のうちの $N-1$ 箇所である．したがって，$N+n-1$ 個の隙間から $N-1$ 個を選ぶ組合せが決まる．

一方，逆に $N+n$ 個の ○ を一列に並べ，隙間に | をおき，
$$○|○|○|\cdots|○|○$$
とし．$N+n-1$ 個の隙間 | から $N-1$ 個を選ぶ組合せを指定し，他を取り除くと，○ は N 個に区分けされ，

○○○ | ○○ | ○ | ○○ | ○○○○ | ○○

のようになる．各区分の ○ を左から順に 1 から N までの数字に置き換え，それぞれの区分からメンバーを一つ除けば，N までの自然数から重複を許して n 個取り出す重複組合せが一意的に決まる．すなわち，重複組合せの総数は $N+n-1$ 個の対象から $N-1$ 個の対象を選ぶ組合せの総数と一致する．これで公式 (1.3) が示された．

この説明は確かに理解はできるが，技巧的でアドホックな面は否めない．一方，公式 (1.3) で定義される数列の母関数は，

$$\sum_{n=0}^{\infty} a_n x^n = \frac{1}{(1-x)^N} \qquad (|x|<1) \tag{1.4}$$

とも表せる．母関数の考え方は右辺を直接導くことができる．以下でそれを実行してみよう．

まず，選択した数 $1 \leq i_1, i_2, \cdots, i_n \leq N$ に単項式 $x_{i_1} x_{i_2} \cdots x_{i_n}$ を対応させる．選択した数は重複を許すので，えられる単項式は添字でまとめると，たとえば $1,1,2,4,5,5,5,6$ に対しては $x_1^2 x_2 x_4 x_5^3 x_6$ である．逆に，$x_1, x_2, \cdots, x_N$ を変数とする n 次の単項式は，N 個の要素から重複を許して n 個を選ぶ重複組合せに一対一に対応する．したがって，重複組合せの総数は，N, n を指定したときの単項式の個数である．このような単項式をすべて列挙する形式的ベキ級数を考えたい．すでに記した

$$\frac{1}{1-x} = 1 + x + x^2 + x^3 + \cdots \qquad (|x|<1)$$

を根拠に，つぎのような展開式を考えてみる．

$$\begin{aligned}
&\frac{1}{1-x_1} \frac{1}{1-x_2} \cdots \frac{1}{1-x_N} \\
&= (1 + x_1 + x_1^2 + \cdots)(1 + x_2 + x_2^2 + \cdots) \cdots (1 + x_N + x_N^2 + \cdots) \\
&= 1 + \sum_{1 \leq i \leq N} x_i + \sum_{1 \leq i \leq j \leq N} x_i x_j + \sum_{1 \leq i \leq j \leq k \leq N} x_i x_j x_k + \cdots.
\end{aligned}$$

この級数の n 次の項には $x_1, x_2, \cdots, x_N$ を変数とする n 次の単項式がすべて各々 1 回現れる．そこで $x_1 = x_2 = \cdots = x_N = x$ とおけば，n 次の係数は N

個の要素から重複を許して n 個の要素を選ぶ重複組合せの総数になる．こうして，母関数の関数表示 (1.4) が a_n を計算することなくえられた．計算の過程で $1/(1-x) = 1 + x + x^2 + \cdots$ という $|x| < 1$ という範囲で成り立つ解析的な等式を使っているので，等号は $|x| < 1$ で定義された関数として成り立つ．

母関数が関数として表示されれば，対応する数列はそのマクローリン展開の係数なので，具体的に計算できる可能性が高い．重複組合せについては，それが普通の微積分の知識で可能である．重複組合せの母関数 (1.4) の右辺をマクローリン展開すると，n 次の項の係数は

$$\frac{1}{n!}\frac{d^n}{dx^n}\frac{1}{(1-x)^N}\bigg|_{x=0} = \binom{N+n-1}{N-1}$$

であることは学部 1 年生レベルの手頃な演習問題である．こうして母関数の考え方を使えば，重複組合せは単純な微分の計算で導ける．

母関数の考え方，すなわち変数 x の肩にかかる次数 n は何らかの階層を意味し，x^n の係数はその階層に属する対象の個数とする考え方は，有限列に対しても有効である．その例を一つ挙げる．

例 **1.1.3.** n 進数で高々 2 桁の数字の集合 X は n^2 個の要素からなる．これに対し，$A = \{0, 1, 2, \cdots, n-1\}$ および $B = \{00, 10, 20, \cdots, (n-1)0\}$ とすれば，任意の X の数字は A と B の要素の和として表せる．とくに集合の濃度，すなわち要素の個数を $\#$ をつけて表すと，$\#A = \#B = n$ の集合 A, B によりすべての高々 2 桁の n 進数がそれぞれの要素の和で表せる．このように X を和で生成する $\#A = \#B = n$ をみたす A, B のとり方は，これらに限られるであろうか？

これは魔法陣の数え上げに関連して生まれた素朴な疑問だったが，じつは結構奥の深い問題である．以下に記す考え方は，東工大情報科学科の 2006 年度学部 3 年生向きのセミナーで吉川紘史君に示唆された．若い人はいつでも発想が豊かである．

まず問題を，$A, B \subset X$ で $\#A = \#B = n$，かつ $X = \{a+b \,|\, a \in A, b \in B\}$ となるような A, B をすべてもとめよ，と設定する．明らかな条件として，$0 \in X$

なので A, B ともに 0 を含む．また，冒頭で記した各々が各桁を担当する明らかな解がある．したがって問題の本質は，それ以外に A, B の選択の余地があるかということである．

A, B が条件をみたす集合であったとし，さらにそのメンバーをすべてを 10 進法に変換して $A = \{i_0, i_1, \cdots, i_{n-1}\}$, $B = \{j_0, j_1, \cdots, j_{n-1}\}$ とおく．その上で
$$f = x^{i_0} + x^{i_1} + \cdots + x^{i_{n-1}}, \qquad g = x^{j_0} + x^{j_1} + \cdots + x^{j_{n-1}}$$
とすると，f, g が条件をみたすということと指数法則から
$$f \cdot g = 1 + x + x^2 + \cdots + x^{n^2-1} \tag{1.5}$$
が成り立つ．

逆に見ると，このような f, g の存在は，方程式 (1.5) の右辺の多項式の整数係数多項式上の因数分解に帰着される．実際
$$1 + x + x^2 + \cdots + x^{n^2-1} = (1 + x + x^2 + \cdots + x^{n-1})(1 + x^n + x^{2n} + \cdots + x^{(n-1)n})$$
という因数分解が明らかな解に対応する．

多項式 (1.5) に $(1-x)$ をかけると $1 - x^{n^2}$ になる．代数方程式 $1 - x^{n^2} = 0$ の解は 1 の n^2 乗根からなり，左辺を $1 - x$ で割ってえられる代数方程式
$$1 + x + x^2 + \cdots + x^{n^2-1} = 0$$
の解は，1 の n^2 乗根で 1 以外のものからなる．現代数学はこのような多項式の因数分解をよく知っている．後に詳細の一部を記すが，ここでは二つの例を挙げるに留める．

n が素数のとき，因数分解の方法は一意的で，したがってそもそもの問題に対する答えは，明らかな解に限られる．一方，最初の合成数である $n = 4$ のときは，4 個の単項式の和からなる二つの多項式の積に分解する方法は，以下の通り 3 種類ある．
$$\begin{aligned}1 + x + x^2 + \cdots + x^{15} &= (1+x)(1+x^2)(1+x^4)(1+x^8) \\ &= (1+x+x^2+x^3)(1+x^4+x^8+x^{12})\end{aligned}$$

$$= (1 + x + x^4 + x^5)(1 + x^2 + x^8 + x^{10})$$
$$= (1 + x + x^8 + x^9)(1 + x^2 + x^4 + x^6).$$

したがって，そもそもの問題に対する回答も 3 種類えられる．それらを列挙するには各因子に現れる単項式の指数を集めればよい．

母関数の他の有用性も紹介したい．

例 **1.1.4** (線形漸化式)．$a_0, a_1, \cdots, a_{m-1}$ があたえられ，さらに任意の $n \geq m$ に対して数列 $\{a_n\}_{n \geq 0}$ が，定数 $\alpha_1, \alpha_2, \cdots, \alpha_m$ を用いて漸化式

$$a_n = \alpha_1 a_{n-1} + \alpha_2 a_{n-2} + \cdots + \alpha_m a_{n-m}$$

で表せるとき，$\{a_n\}_{n \geq 0}$ の母関数は有理関数である．なぜなら，$\{a_n\}_{n \geq 0}$ の母関数を $g(x) = \sum_{n=0}^{\infty} a_n x^n$ とおくと，

$$(1 - \alpha_1 x - \alpha_2 x^2 - \cdots - \alpha_m x^m) g(x)$$

は，m 次以上の項の係数はすべて漸化式により相殺され，高々 $m-1$ 次の多項式になるからである．

a_n の一般項を n の式で具体的に表すのはいつでも可能とはいえないが，分母が因数分解できれば部分分数展開でき，

$$\frac{1}{(1-x)^k} = \sum_{n=0}^{\infty} \frac{(k+n-1)!}{(k-1)!\, n!} x^n$$

に帰着される．すなわち $1 - \alpha_1 x - \alpha_2 x^2 - \cdots - \alpha_m x^m$ が複素数体上で因数分解できれば a_n の n による閉じた式がえられる．

もっとも簡単なフィボナッチ数列を具体的に計算してみよう．すなわち，漸化式

$$a_n = a_{n-1} + a_{n-2} \quad (n \geq 2)$$

を $a_0 = a_1 = 1$ を初期値として解いてみる．まず $\{a_n\}_{n \geq 0}$ の母関数を g と

し，計算の途中では $x^2+x-1=0$ の解を $\alpha=\dfrac{-1+\sqrt{5}}{2}, \beta=\dfrac{-1-\sqrt{5}}{2}$ とおくと，

$$\begin{aligned}g(x) &= \frac{1}{1-x-x^2} \\ &= \frac{1}{\sqrt{5}}\left(\frac{1}{\alpha-x}-\frac{1}{\beta-x}\right) \\ &= \frac{1}{\sqrt{5}}\left(\frac{1}{\alpha}\sum_{n=0}^{\infty}\left(\frac{x}{\alpha}\right)^n - \frac{1}{\beta}\sum_{n=0}^{\infty}\left(\frac{x}{\beta}\right)^n\right) \\ &= \sum_{n=0}^{\infty}\left(\frac{1}{\sqrt{5}}\left(\left(\frac{1+\sqrt{5}}{2}\right)^{n+1} - \left(\frac{1-\sqrt{5}}{2}\right)^{n+1}\right)\right)x^n.\end{aligned}$$

この級数の n 次の項の係数が a_n の一般式である．

a_n が具体的に n の閉じた式で表せても，その表示は複雑になることは多々あり，すぐにいろいろなことが分かるという訳ではない．つぎに，線形ではないが漸化式で定義されるそのような例を挙げる．

例 1.1.5 (非線形漸化式の一例)．正 4 面体の辺を渡り歩くランダムウォークを考える（図 1.2 参照）．

始点となる頂点を指定し，後戻りはせず，n 回目に始点に戻ってくるウォークの総数を a_n とし，a_n をもとめたい．ステップ数が $n\geq 1$ のウォークの総数は $3\cdot 2^{n-1}$ である．これらのウォークは，始点に到達するものが a_n 個，$n-1$ ステップで始点に到達していたウォークが $2a_{n-1}$ 個，$n+1$ ステップで始点に到達するウォークが a_{n+1} 個の独立なウォークの和になるので

$$a_{n+1}+a_n+2a_{n-1}=3\cdot 2^{n-1}\quad (n\geq 2)$$

という漸化式をみたす．漸化式の成立範囲が $n\geq 1$ なので，初期条件は

$$a_0=1,\ a_1=a_2=0$$

である．この漸化式は，数列 (1.1) に記したなかなか規則性の見つけにくい

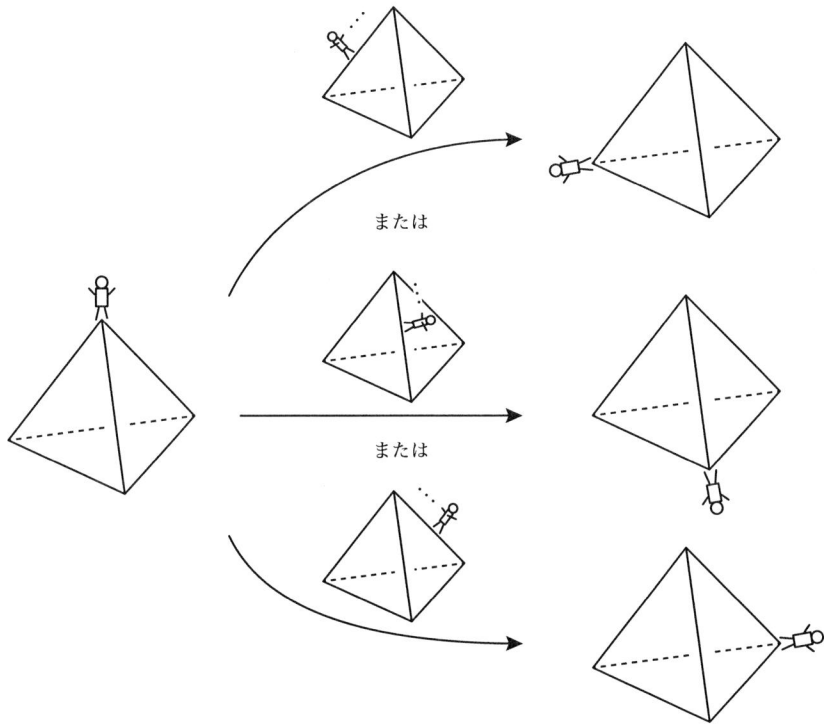

図 1.2 4 面体の辺上のランダムウォーク

$$1, 0, 0, 6, 6, 6, 30, 54, 78, \cdots$$

という数列を生成する.

$g(x)$ を $\{a_n\}_{n=0}^{\infty}$ の母関数とすれば,線形の場合と同様な計算で,

$$g(x) = \frac{6x^3}{(1-2x)(1+x+2x^2)} + 1$$

であることが容易に計算できる.この形から,α を $2x^2 + x + 1 = 0$ の解とすると,a_n の一般形は

$$a_n = -\frac{3}{4}\left(-2^n + \frac{2\bar{\alpha} - 1}{2(\alpha + 2)} \cdot \frac{1}{\alpha^n} - \frac{1}{(\alpha + 2)} \cdot \frac{1}{\bar{\alpha}^n}\right) - \frac{1}{2}$$

であることが分かる.これは見事に複雑な,しかし確かに明示的な表示である.

いくつか演習問題を挙げておく.

演習問題 1.1.6. つぎに答えよ.
1) $a_0 = a_1 = 1$ の下で，漸化式 $a_n = a_{n-1} + 2a_{n-2} + (-1)^n$ $(n \geq 2)$ を解け.
2) 1 円玉，5 円玉，10 円玉，50 円玉，100 円玉，500 円玉を組み合わせて n 円にする組み合わせ方の個数 $\{a_n\}_{n \geq 0}$（ただし $a_0 = 1$ とする）の母関数をもとめよ. さらに a_{10000} を手計算でもとめよ.
3) n 桁の自然数で，となり合う桁の数が異なりかつ 10 で割れるものの個数をもとめよ.
4) $2 \times n$ の長方形を 1×2 のドミノで詰める詰め方の個数 a_n $(n \geq 0)$（ただし $a_0 = 1$ とする）の母関数をもとめ，a_n を n の式で表せ（図 1.3 参照）.

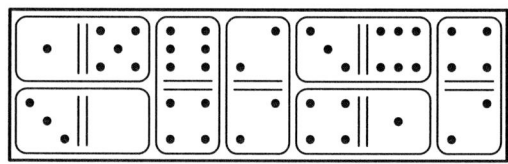

図 1.3　長方形のドミノタイリング

母関数の考え方は，これまでの例の他にも役に立つ場面が多々ある.

例 1.1.7 (カタラン数). カタラン数 a_n は，いく通りもの組合せ論的解釈をもつ

$$a_n = \frac{(2n-2)!}{n!(n-1)!} = \frac{1}{(2n-1)}\binom{2n-1}{n}$$

で表される数の列である. フィボナッチ数とカタラン数だけをテーマにした一冊の本[1]があるほどである. ここでは n 個の文字の積 $x_1 x_2 \cdots x_n$ を $n-1$ 個

---

[1] Ralph P. Grimaldi : Fibonacci and Catalan Numbers–An Introduction, John Wiley and Sons, 2012.

の 2 項演算の合成に分解する分け方の総数．たとえば $n=5$ のとき

$$((x_1x_2)x_3)x_4 \quad (x_1(x_2x_3))x_4 \quad (x_1x_2)(x_3x_4) \quad x_1((x_2x_3)x_4) \quad x_1((x_2(x_3x_4))$$

のような括弧の括り方の総数と定義して，カタラン数 a_n を導いてみる．

まず $a_1 = 1$ と約束し，$n \geq 2$ に対して，最後に行う演算の場所で文字列を前後に分けると，分け方は $n-1$ 通りあり，

$$a_n = a_1 a_{n-1} + a_2 a_{n-2} + \cdots + a_{n-1} a_1 \tag{1.6}$$

という漸化式がえられる．前の二つの例と異なり，第 n 項が事前の $n-1$ 項までの 2 次式で表されている．$\{a_n\}_{n \geq 1}$ の母関数を $g(x)$ とおけば

$$g^2(x) = g(x) - x \tag{1.7}$$

をみたす．これを $g(x)$ に関する 2 次方程式と見なして解くと

$$g(x) = \frac{1 \pm \sqrt{1-4x}}{2}.$$

$g(0) = 0$ なので，正しい解は複号のうちマイナスの方である．右辺は $|x| < \dfrac{1}{4}$ でマクローリン展開可能であり，a_n をもとめるため g の n 階の微分の 0 での値 $g^{(n)}(0)$ を計算する．$g(0) = 0$ であり，また $g'(0) = 1$ である．さらに $n \geq 2$ のとき，ダブル階乗 !! を

$$k!! = k(k-2)(k-4)\cdots$$

で最後は 1 か 2 で終わるとして定義すると，

$$\frac{d^n}{dx^n}\sqrt{1-4x} = \frac{1}{2} \cdot \frac{1-2}{2} \cdots \frac{1-2(n-1)}{2}(1-4x)^{\frac{1-2n}{2}}(-4)^n$$
$$= -2^n (2n-3)!! (1-4x)^{\frac{1-2n}{2}}$$

より $g^{(n)}(0) = 2^{n-1}(2n-3)!!$．したがって

$$a_n = \frac{2^{n-1}(2n-3)!!}{n!} = \frac{(2n-2)!}{n!(n-1)!}$$

となる．一方，$0! = 1$ より，この表示は $n = 1$ の場合も正しい．

途中で 2 次方程式を解くという代数的な計算や微分をするという解析的な計

算を実行しているので結果が心配かもしれないが，初期条件 $a_1 = 1$ を確かめさえすれば，関係式 (1.7) からえられた数列は漸化式 (1.6) をみたすので問題ない．

母関数は数列 $\{a_n\}_{n \geq 0}$ を係数とした形式的ベキ級数であるが，たとえば解析的なことを考えると，対数関数や指数関数の展開

$$-\log(1-x) = \sum_{n=1}^{\infty} \frac{1}{n} x^n, \qquad e^x = \sum_{n=0}^{\infty} \frac{1}{n!} x^n$$

を念頭に係数に重みをつけて，数列に対し

$$\sum_{n=1}^{\infty} \frac{a_n}{n} x^n, \qquad \sum_{n=0}^{\infty} \frac{a_n}{n!} x^n$$

のような対数型母関数や指数型母関数を考えるのも有効である．

例 **1.1.8** (ベルヌーイ数)．

$$B_0 = 1, \qquad B_n = \sum_{k=0}^{n} \binom{n}{k} B_{n-k} \ (n \geq 2) \tag{1.8}$$

で定義される数列 $B_0, B_1, \cdots$ はベルヌーイ数とよばれている．右側の関係式は第 n 項が相殺され，第 $n-1$ 以下の項の間の関係式をあたえ，たとえば $n = 2$ のときえられる関係式は $0 = 2B_1 + B_0$ である．$\{B_n\}_{n \geq 0}$ は，この章の冒頭の (1.2) で記した

$$1, -\frac{1}{2}, \frac{1}{6}, 0, -\frac{1}{30}, 0, \frac{1}{42}, 0, -\frac{1}{30}, 0, \frac{5}{66}, 0, -\frac{691}{2730}, \cdots$$

と続く一見不可解な数列である．$\{B_n\}_{n \geq 0}$ の指数型母関数に $e^x - 1$ をかけると

$$\begin{aligned}(e^x - 1) \sum_{n=0}^{\infty} \frac{B_n}{n!} x^n &= \left(\sum_{k=1}^{\infty} \frac{1}{k!} x^k\right) \left(\sum_{n=0}^{\infty} \frac{B_n}{n!} x^n\right) \\ &= \sum_{n=0}^{\infty} \left(\sum_{k=1}^{n} \frac{B_{n-k}}{k!(n-k)!}\right) x^n\end{aligned}$$

$$= \sum_{n=0}^{\infty} \frac{1}{n!} \left(\sum_{k=0}^{n} \binom{n}{k} B_{n-k} - B_n \right) x^n$$
$$= x.$$

したがってその指数型母関数は

$$\sum_{n=0}^{\infty} \frac{B_n}{n!} x^n = \frac{x}{e^x - 1} \tag{1.9}$$

と表すことができる.

関数等式 (1.9) の右辺は分母分子の微分がよく分かっていて，n 階の微分は計算できる．ところがその $x = 0$ での値は $n \geq 2$ では $0/0$ 型の不定形で，しかも微分後の分母分子を何度微分しても不定形のままで，ロピタルの定理も使えない．(1.9) の右辺からベルヌーイ数列の一般項を n で明示的に表すことはおそらく不可能だろう．

しかしながら，B_n 自体は n を指定すれば漸化式 (1.8) から計算可能で，たとえば (1.9) の右辺の近似計算には有効である．また一方で，たとえば正接関数 $f(x) = \tan x$ の $x = 0$ でのマクローリン展開の各係数の n による表示は知られていないが，たとえば B_n を取り込めば

$$\tan x = \sum_{n=1}^{\infty} \frac{(-1)^{n-1} 2^{2n} (2^{2n} - 1) B_{2n}}{(2n)!} x^{2n-1}$$

と表せる．これにより正接関数の近似にも応用が可能になる．

これまでは，数列が明示的に表せるか，母関数が初等関数として表せるか，あるいは双方が可能な例を紹介した．つぎに，いずれも不可能だが，なお母関数の考え方が有効な例を挙げる．

例 1.1.9 (分割数)．自然数 n を，（単数を含む）複数の自然数の和として表す表し方の総数を n の分割数といい，$p(n)$ で表す．ただし $p(0) = 1$ と約束する．たとえば，$p(1) = 1, p(2) = 2, p(3) = 3, p(4) = 5$ であり，

$$5 = 1 + 1 + 1 + 1 + 1$$

$$= 1 + 1 + 1 + 2$$
$$= 1 + 1 + 3$$
$$= 1 + 2 + 2$$
$$= 1 + 4$$
$$= 2 + 3$$
$$= 5$$

なので $p(5) = 7$ である．

$\{p(n)\}_{n \geq 0}$ の母関数は，

$$\sum_{n=0}^{\infty} p(n)x^n = \prod_{k=1}^{\infty} \frac{1}{1-x^k} \tag{1.10}$$

と表示できる．右辺の無限積は説明が必要であるがそれは後回しにして，形式的に右辺をもとめよう．まず k を自然数とし，

$$\frac{1}{1-x_k^k} = 1 + x_k^k + x_k^{2k} + \cdots$$

を $k \geq 1$ に関して無限個の積をとると，

$$\prod_{k=1}^{\infty} \frac{1}{1-x_k^k} = (1 + x_1 + x_1^2 + \cdots)(1 + x_2^2 + x_2^4 + \cdots) \cdots$$
$$= 1 + x_1 + x_1^2 + x_2^2 + x_1^3 + x_1 x_2^2 + x_3^3 + \cdots$$
$$= \sum_{k=0}^{\infty} \left(\sum_{\substack{i_1 \leq i_2 \leq \cdots \leq i_l \\ i_1 + i_2 + \cdots + i_l = k}} x_{i_1}^{i_1} x_{i_2}^{i_2} \cdots x_{i_l}^{i_l} \right)$$

となる．ここで最後の括弧内の和は，k を固定したときの k の分割に関する和で，l は分割の長さを表し，固定された数字ではない．こうした計算が許される根拠は，次数を指定したときに，それ以下の次数の項が有限個しか現れないからである．

右辺の n 次の項はちょうど $p(n)$ 個の単項式からなるので，$x = x_1 = x_2 = \cdots$ とおけば $p(n)$ の母関数がえられる．こうは表現したものの，積は無限にわた

り，母関数 (1.10) の右辺はそのままでは微分もできず，重複組合せのときのように $p(n)$ を具体的に n の閉じた式で表せる訳ではない．しかしながら，関数として表示できたことにより分かることがある．

分割数を上から評価することを考えてみよう．分割した数の並べ方も区別したとき，その総数は n 個の 1 を横に並べたときにその間に挿入するスリットの入れ方の総数と一致する．それは明らかに分割数より大きいから

$$p(n) < \sum_{k=0}^{n-1} \binom{n-1}{k} = 2^{n-1}$$

である．しかしこの評価はたいへん粗く，増大のオーダーが大きすぎる．そこで無限積表示から，評価としてはやや粗いが発散の指数オーダーはシャープな

$$p(n) < e^{\pi\sqrt{\frac{2n}{3}}}$$

という評価を導いてみよう．

まず n を固定して，無限積表示の $n+1$ 項以降を切り落とした関数を

$$p_n(x) = \prod_{k=1}^{n} \frac{1}{1-x^k}$$

とおく．$p_n(x)$ のマクローリン展開は正項級数で，n 次の項までは分割数の母関数と一致しており，したがって $x \in (0,1)$ に対して

$$p(n) \leq \frac{p_n(x)}{x^n}$$

が成り立つ．両辺の $\log$ をとると

$$\log p(n) \leq -n\log x - \sum_{k=1}^{n} \log(1-x^k)$$
$$\leq -n\log x + \sum_{k=1}^{n}\sum_{m=1}^{\infty} \frac{x^{km}}{m}.$$

第 2 項は $0 < x < 1$ では

$$\sum_{k=1}^{n}\sum_{m=1}^{\infty}\frac{x^{km}}{m} \leq \sum_{m=1}^{\infty}\frac{1}{m}\sum_{k=1}^{\infty}x^{km} = \sum_{m=1}^{\infty}\frac{1}{m}\frac{x^m}{1-x^m}$$

$$= \frac{x}{1-x}\sum_{m=1}^{\infty}\frac{1}{m}\frac{x^{m-1}}{1+x+\cdots+x^{m-1}} \leq \frac{x}{1-x}\sum_{m=1}^{\infty}\frac{1}{m^2} = \frac{\pi^2}{6}\frac{x}{1-x}$$

と評価できるので,

$$\log p(n) \leq -n\log x + \frac{\pi^2}{6}\frac{x}{1-x}$$

がえられる. そこで $y = \dfrac{x}{1-x}$ と変数変換すると, 任意の $0 < y < \infty$ に対し $1 + \dfrac{1}{y} < e^{1/y}$ より $\log\left(1 + \dfrac{1}{y}\right) < \dfrac{1}{y}$ だから,

$$\log p(n) \leq n\log(1+\frac{1}{y}) + \frac{\pi^2 y}{6} \leq \frac{n}{y} + \frac{\pi^2 y}{6}$$

となる. 一方, 左辺は定数なので, 右辺の $0 < y < \infty$ における最小値で評価できるが, それは相加相乗平均をとると $\pi\sqrt{\dfrac{2n}{3}}$. したがって

$$p(n) \leq \pi\sqrt{\frac{2n}{3}}$$

が分かり, 両辺を指数の肩に乗せればもとめる評価がえられる.

コメント **1.1.10.** ラマヌジャンという天才をご存知だろうか？ 彼は数々の数論的恒等式を予言し, その多くには証明をあたえずに 1920 年に亡くなったインド人数学者である. 分割数に関して, 1918 年にハーディとともに n が増大したときの精度の高い漸近挙動

$$p(n) \sim \frac{1}{4n\sqrt{3}}e^{\pi\sqrt{\frac{2n}{3}}}$$

をえている. ここで $\sim$ は $n \to \infty$ のとき両辺の比が 1 に近づくことを示す.

ラマヌジャンはまた,

$$p(5n+4) \equiv 0 \mod 5$$

$$p(7n+5) \equiv 0 \mod 7$$

$$p(11n+6) \equiv 0 \mod 11$$

というたいへん不思議な合同式,すなわち $\equiv$ の左辺と右辺の差が mod 以降の数字で割り切れることも示している.分割数に関して

$$p(an+b) \equiv 0 \mod a$$

という形の合同式は,じつはこの三つに限られ,今日の整数論はその深遠なる理由を説明できる.

この節の最後は,分割数の母関数に現れた無限積の補足説明で締め括る.まず数列の無限積について.

数列 $\{a_n\}_{n\geq 0}$ に対して,第 k 項までの和 $\sum_{n=0}^{k} a_n$ によりえられる数列 $\{\sum_{n=0}^{k} a_n\}_{k\geq 0}$ が収束するとき,$\{a_n\}_{n\geq 0}$ からえられる級数 $\sum_{n=0}^{\infty} a_n$ は収束するといった.ここでは和を積に置き換え,第 k 項までの積 $\prod_{n=0}^{k} a_n$ によりえられる数列 $\{\prod_{n=0}^{k} a_n\}_{k\geq 0}$ が収束するとき,$\{a_n\}_{n\geq 0}$ の無限積

$$\prod_{n=0}^{\infty} a_n$$

は収束するという.

数列 $\{a_n\}$ のメンバーに 0 が一つでもあると,その無限積は他の値によらず 0 になるので,すべての n について $a_n \neq 0$ を課すことが妥当である.さらに $n \to \infty$ のとき $a_n \to 1$ の場合が最も興味深い.

補題 1.1.11 (数列の無限積の収束). 級数 $\sum_{n=0}^{\infty} u_n$ が絶対収束する,すなわち $\sum_{n=0}^{\infty} |u_n| = \sigma(<\infty)$ をみたすとする.このとき無限積 $\prod_{n=0}^{\infty}(1+|u_n|)$ および $\prod_{n=0}^{\infty}(1+u_n)$ は収束する.

証明. $p_k = \prod_{n=0}^{k}(1+u_n)$ とおくと,

$$|p_k| \leq \prod_{n=0}^{k}(1+|u_n|) \leq \prod_{n=0}^{k} e^{|u_n|} = e^{\sum_{n=0}^{k}|u_n|} \leq e^{\sigma}.$$

とくに第 2 項の最右辺による評価より，広義単調増大列 $\{\prod_{n=0}^{k}(1+|u_n|)\}_{k\geq 0}$ は上から有界なので収束する．

さらに $v_n = p_n - p_{n-1}$ とおくと，$v_n = u_n p_{n-1}$ であり，

$$|v_n| = |u_n p_{n-1}| \leq e^{\sigma}|u_n|.$$

一方，仮定より $\sum_{n=0}^{\infty} u_n$ は絶対収束するので $\sum_{n=0}^{\infty} v_n$ も絶対収束する．したがって級数 $\sum_{n=0}^{\infty} v_n$ は収束するが，$\sum_{n=0}^{k} v_n = p_k$ であり，その収束先 $\sum_{n=0}^{\infty} v_n = \lim_{k\to\infty} p_k$ が無限積

$$\prod_{n=0}^{\infty}(1+u_n)$$

の収束先である． □

つぎに関数列の無限積の一様収束を定義する．区間 I で定義された連続関数の列 $\{a_n(x)\}_{n\geq 0}$ に対し，第 k 項までの積 $\prod_{n=0}^{k} a_n(x)$ によりえられる関数列 $\{\prod_{n=0}^{k} a_n(x)\}_{k\geq 0}$ が I で一様収束するとき，$\{a_n(x)\}_{n\geq 0}$ の無限積

$$\prod_{n=0}^{\infty} a_n(x)$$

は一様収束するという．一様収束する連続関数列の極限としてえられる関数は連続である．

補題 1.1.12 (関数列の無限積)．$\{u_n(x)\}_{n\geq 0}$ を閉区間 K 上の連続関数列で，$\sum_{n=0}^{\infty} |u_n(x)|$ が K 上で一様収束するとする．したがって，収束先の関数 $u_{\infty}(x)$ は連続で，K が閉区間なので $\sup_{x\in K} u_{\infty}(x) = \sigma < \infty$ である．このとき $\prod_{n=0}^{\infty}(1+u_n(x))$ は K 上一様収束し，とくに連続である．

証明． 数列の場合と同様に二つの評価

$$|p_k(x)| \leq e^{\sigma}, \qquad |v_n(x)| \leq e^{\sigma}|u_n(x)|$$

がえられる．一方 $\sum_{n=0}^{\infty} |u_n(x)|$ は K 上一様収束するので，任意の ε に対し自然数 N が存在して，

$$\sum_{n=N}^{\infty} |u_n(x)| \le \varepsilon$$

が任意の $x \in K$ に対して成り立つ．これより

$$\sum_{n=N}^{\infty} |v_n(x)| \le e^{\sigma}\varepsilon.$$

とくに $\sum_{n=0}^{k} v_n(x)$ は K 上で一様収束し，その収束先 $\sum_{n=0}^{\infty} v_n(x) = \lim_{k\to\infty} p_k(x)$ は，無限積

$$\prod_{n=0}^{\infty}(1 + u_n(x))$$

の収束先である． □

例 1.1.13. 補題 1.1.12 を使って，分割数の母関数は $|x| < 1$ 内の任意の閉区間 K 上で一様収束することを確かめておく．分割数の母関数に対応する $u_n(x)$ は

$$u_n(x) = \frac{x^n}{1 - x^n}$$

である．この関数の絶対値 $|u_n(x)|$ は，$|x| < 1$ で正値であり，また各点 x で $\{\sum_{n=1}^{k}|u_n(x)|\}_{k \ge 1}$ は上に有界である．したがって各点収束し $|x| < 1$ 上の関数 $u_\infty(x)$ がえられる．$u_\infty(x) = \sum_{n=1}^{\infty}\left|\dfrac{x^n}{1-x^n}\right|$ の展開の後半の部分を評価するため，N を自然数とすると，$|x| < 1$ では

$$\sum_{n=N}^{\infty}\left|\frac{x^n}{1-x^n}\right| < \frac{1}{1-|x|^N}\sum_{n=N}^{\infty}|x|^n = \frac{|x|^N}{(1-|x|^N)^2} < |x|^N$$

が成り立つ．そこで $|x| < 1$ 内の任意に選んだ閉区間 K の端点の絶対値が大きい方を $a = \max\{|x|\,;\, x \in K\}$ とする．このとき $a \ne 0$ であり，任意の $\varepsilon > 0$ に対し $N \ge \dfrac{\log \varepsilon}{\log |a|}$ をみたす N を選べば，任意の $x \in K$ と任意の $k > N$ について

$$\sum_{n=k}^{\infty}\left|\frac{x^n}{1-x^n}\right| < \varepsilon$$

が成り立つ．すなわち，連続関数の列 $\left\{\sum_{n=1}^{k}\left|\dfrac{x^n}{1-x^n}\right|\right\}_{k\geq 1}$ は K 上 $u_\infty(x)$ に一様収束する．K は任意だったので，補題 1.1.12 から分割数 $p(n)$ の母関数は $|x|<1$ の任意の閉区間上で一様収束することが分かった．

1.2 整数について

本節では次節以降での議論の基礎となる整数についての基本的事項として，ユークリッドの互除法，一次不定方程式の解法，および自然数の素因数分解一意性について簡単に復習する．

まず，

定理 1.2.1 (除法定理)．任意の整数 n と自然数 m に対して，つぎをみたす整数 q, r が一意的に存在する．

$$n = mq + r, \quad 0 \leq r \leq m - 1$$

このとき q を n を m で割った商，r を剰余（または余り）という．

証明． まず商 q と剰余 r の存在を，m を固定して $n \geq 0$ のとき n に関する帰納法で証明し，$n < 0$ の場合は $n > 0$ の場合に帰着する．

$0 \leq n < m$ のときは $q = 0, r = n$ とおけばよい．$m \leq n$ のとき，帰納法の仮定により $(0 \leq) n - m \, (<n)$ に対して

$$n - m = mq_1 + r_1, \quad 0 \leq r \leq m - 1$$

をみたす q_1, r_1 が存在する．左辺の m を右辺に移項すれば

$$n = m(q_1 + 1) + r_1, \quad 0 \leq r \leq m - 1$$

なので，$q = q_1 + 1, r = r_1$ とおけばよい．

$n < 0$ のときは，$-n = mq_2 + r_2 \, (0 \leq r_2 \leq m - 1)$ と表し，$r_0 = 0$ のとき

は $q = -q_2, r = 0$, $r_0 > 0$ のときは $q = -q_2 - 1, r = m - r_2$ とおけばよい．

一意性を示すために，

$$n = mq_1 + r_1, \quad 0 \leq r_1 \leq m - 1$$
$$n = mq_2 + r_2, \quad 0 \leq r_2 \leq m - 1$$

とおき，両辺を引いてまとめると，

$$m(q_1 - q_2) = r_2 - r_1.$$

右辺は $-m < r_2 - r_1 < m$ なので，等号成立のためには $q_1 = q_2$ であることが必要．これより $r_1 = r_2$ となり，一意性が分かる． □

整数 m が整数 n を割り切るとき，あるいは n が m で割り切れるとき，すなわち除法定理による剰余が 0 のとき

$$m|n$$

で表す．このとき，m は n の約数，n は m の倍数という．

二つの整数 m, n の共通の約数を公約数，共通の倍数を公倍数という．m と n の公約数のうち最大のものを最大公約数といい (m, n) で表す．$(m, n) = 1$ のときは，m と n は互いに素であるという．さらに共通の公倍数のうち正で最小のものを最小公倍数という．最小公倍数は $|mn|/(m, n)$ と一致する．

定理 1.2.2. $n = mq + r$ $(n, m, q, r \in \mathbb{Z} - \{0\})$ とすると，n と m の公約数は m と r の公約数であり，逆も成り立つ．とくに $(n, m) = (m, r)$ である．

証明． 右辺の mq を左辺にうつすと左辺は n, m の公約数で割れるので，右辺の r も割れる．逆も同様． □

例 1.2.3 (ユークリッドの互除法)． ユークリッドの互除法とは，つぎに示す，二つの自然数 n, m の最大公約数 (n, m) をもとめるアルゴリズムのことである．$n > m$ に対して，除法定理により n を m で割った商 q と剰余 r $(0 \leq r \leq m-1)$ を計算し，m, r を返す．すなわち

入力： n, m $\implies$ 出力： m, r

である．この操作は，定理 1.2.2 により入力と出力の二つの整数の最大公約数を変えない．しかも入出力前後では二つの自然数の大きい方が真に小さくなるので，この操作は有限回繰り返すことにより余りが 0 になり停止する．具体例を一つ挙げておこう．

$$
\begin{aligned}
6188, 4709 &\implies 4709, 1479 \\
&\implies 1479, 272 \\
&\implies 272, 119 \\
&\implies 119, 34 \\
&\implies 34, 17 \\
&\implies 17, 0.
\end{aligned}
$$

そこで最後に割った数 17 を出力すれば，6188 と 4709 の最大公約数 17 がもとまる．

ユークリッド互除法の応用として，1 次不定方程式の整数解の存在条件をもとめる．

定理 1.2.4. m, n, k を 0 でない整数とするとき，変数 x, y に関する一次不定方程式

$$mx + ny = k \tag{1.11}$$

が整数解をもつことと，$(m, n) | k$ であることは同値．

証明． まず，方程式 (1.11) が整数解をもつことと，係数および定数を正にした不定方程式

$$|m|x + |n|y = |k|$$

が整数解をもつことは同値なので，m, n, k は正として一般性を失わない．

$m = nq + r$ とすると,

$$mx + ny = (nq+r)x + ny = n(qx+y) + rx$$

なので, 方程式 (1.11) が整数解をもつことと, 変数を置き換えて

$$nx_1 + ry_1 = k \quad \text{ただし} \quad x_1 = qx + y, \ y_1 = x$$

が整数解をもつことは同値. すなわち係数に対してユークリッドの互除法を適用してえられる新たな方程式に対する同じ問題に帰着される. この手続きが t 回で停止したとすると, 結果としてえられる方程式は片方の係数が 0 になり,

$$(m,n)x_t = k$$

という形をしている. この方程式が整数解をもつ必要十分条件は $(m,n)|k$ である. □

つぎに, 素因数分解の存在と一意性をしめすため, 少し準備をする.

補題 1.2.5. a,b,c を自然数, $(a,b) = 1$ とする. このとき $a|bc$ なら $a|c$ である.

証明. 定理 1.2.4 により $ax + by = 1$ は整数解をもつ. 両辺を c 倍して $acx + bcy = c$ となるが, $a|bc$ より $bc = ad$ となるので, 左辺は a で括れる. したがって $a|c$. □

2 以上の自然数 p は, 約数が 1 と p しかないとき素数という. 素数は小さい順に並べると,

$$2, 3, 5, 7, 11, 13, 17, 19, 23, 29, 31, 37, 41, 43, 47, \cdots$$

と不規則に続き, 無限個ある. その深遠さは現代整数論の大きなテーマで, 本書でも後にいくつかの話題に触れる. なお, 素数でない 2 以上の自然数は合成数とよばれ, $4 = 2 \cdot 2$ が最小で, こちらも無限個ある.

補題 1.2.6. p を素数とするとき, $p|mn$ ならば $p|m$ または $p|n$.

証明. $p \nmid m$ とすると，$(p, m) = 1$ で，補題 1.2.5 より結論が分かる． □

定理 1.2.7 (素因数分解の一意性). 2 以上の自然数は素数の積として順序を除いて一意的に表せる．

証明. まず，素数による分解の存在を帰納法で証明する．n を 2 以上の自然数とする．n が素数のときは明らか．n を合成数 $n = ab\,(a, b \geq 2)$ とする．a, b はいずれも n より本当に小さいので，帰納法の仮定により素数の積に分解できる．したがって n 自身も素数の積に分解できる．

つぎに一意性を示すため，二つの n の素数の積による分解を

$$n = p_1 p_2 \cdots p_k$$
$$n = q_1 q_2 \cdots q_l$$

とおく．上表記によれば n は p_1 で割り切れるので，$p_1 | q_1 q_2 \cdots q_l$ である．補題 1.2.6 を繰り返し使うと，ある $1 \leq j \leq l$ に対して $p_1 | q_j$ となる．ここで q_j は素数なので $p_1 = q_j$．そこで $q_1, q_j, \cdots, q_l$ の添字を並べ替えて $p_1 = q_1$ として一般性を失わない．残りの部分の一意性については，n を $p_1 = q_1$ で割って帰納法の仮定を適用すればよい． □

この定理により，2 以上の自然数には素数の積による一意的な表示

$$n = p_1^{e_1} p_2^{e_2} \cdots p_k^{e_k}$$

がえられる．ただし表記の一意性のため $2 \leq p_1 < p_2 < \cdots < p_k$ は素数で $e_1, e_2, \cdots, e_k \geq 1$ とする．

1.3　群作用と数え上げ

1.1 節では母関数を用いた数え上げについて論じた．本節では，たとえば重複円順列を数え上げる方法の一つとして，ポリアによる群作用がある場合の組織的な数え上げの手法を解説する．

重複円順列で群作用がどのように生じるかを説明するため，まず重複順列を思

い出す.自然数 N を固定し,$\{1,2,\cdots,N\}$ を重複を許して n 個並べる並べ方を重複順列という.その総数は N^n である.つぎに円順列だが,順列を円状に並べたものと考え,その始まりと終わりを区別しない.たとえば $\{1,2,\cdots,N\}$ の円順列では

$$(1,2,\cdots,N),\ (2,3,\cdots,1),\ \cdots,\ (N,1,\cdots,N-1)$$

などは同じものと見なす(図 1.4 参照).したがって $\{1,2,\cdots,N\}$ の円順列の総数は,順列の総数 $N!$ を始点(あるいは終点)を選ぶ自由度 N で割った $(N-1)!$ である.

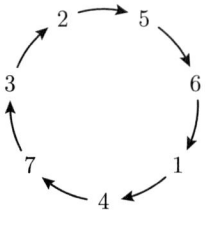

図 1.4 円順列

重複円順列は両者を合わせたもので,円状に $\{1,2,\cdots,N\}$ を重複を許して n 個並べる並べ方をいい,その総数の組織的な数え上げが,本節の興味の対象の典型例である.$N=2$ の場合に n が 1 から増大するにつれて

$$2,\ 3,\ 4,\ 6,\ 8,\ 14,\ 20,\ 36,\ 60,\ 108,\cdots$$

となるが,重複順列を円順列の数え上げに習って n で割った数の列は,

$$2,\ 2,\ 2.6\ldots,\ 4,\ 6.4,\ 10.6\ldots,\ 18.2\ldots,\ 32,\ 56.7\ldots,\ 102.4,\cdots$$

となり,$n\geq 2$ 以降で実際もとめる総数より小さい数字になっている.各 n に対し重複順列を n で割るのは,じつは対称性をもつ重複円順列を考慮しておらず,過大に割り過ぎているのである.たとえば $N=2$ で $n=2$ のとき,重複順列は $(11),(12),(21),(22)$ の $4\,(=2^2/2)$ 通りだが,重複円順列では確かに $(12),(21)$ は同じになるので 2 で割って数えるのは正しいが,(11) と (22) は

相方がおらず，2 で割っては割り過ぎなのである．(12) = (21) と (11) および (22) の違いは，後者が 180° の回転対称性をもつことに起因している．

重複円順列の各項を n で明示的に表すには，こうした回転対称性をもつ並べ方の数え上げを考える必要がある．一般に対称性は，数学では群の作用として記述する．最初にも記したが，この節では群作用により記述される対称性をもつ対象の数え上げ手法を論じ，その具体例をいくつか提示する．

記号等の不統一による混乱を避けるため，まず群の定義を確認しておく．群とは，集合 G と，その上で定義された結合法則をみたす 2 項演算

$$\cdot : G \times G \to G$$

の組 $(G, \cdot)$ で，単位元 e，すなわち任意の元 $a \in G$ に対して

$$a \cdot e = a = e \cdot a$$

をみたす元と，さらに，任意の元 $a \in G$ に対して

$$a \cdot a^{-1} = e = a^{-1} \cdot a$$

をみたす a の逆元 a^{-1} の存在が保証された代数系である．組 $(G, \cdot)$ としての表示は往々にして冗長であり，単に G と記すことが多い．

群の理論はたいへん豊かであるが，この節ではとくに，群が何か有限離散集合に作用する状況を考えるので，有限個の要素からなる集合の各要素の置き換えからなる対称群と，その部分群である置換群を復習する．

1 から n までの整数からなる集合を $\mathcal{N}$ で表す．すなわち

$$\mathcal{N} = \{1, 2, \cdots, n\}$$

である．$\mathcal{N}$ から $\mathcal{N}$ 自身への自己全単射全体の集合の上で，演算として合成を考えると，結合法則をみたすことは容易に確かめられる．さらに恒等写像が単位元，各全単射の逆写像が逆元になるので，群となる．これを対称群とよび $\mathfrak{S}_n$ で表す．また，その要素を置換とよぶ．

$\mathcal{N}$ は 1 から n までの整数の集合としたが，数え上げの場面では要素の個数が n で，要素自身は数字ではないケースが普通である．しかし数学的に抽象化

して考えると，各要素の個性は無視し，n 個の対象を区別するために 1 から n までの番号をつけると宣言するのが簡明である．以降，状況によっては $\mathcal{N}$ は，具体的な n 個の要素からなる集合へ写像が指定されていると考えるとよい．

$\mathcal{N}$ の全単射 $a \in \mathfrak{S}_n$ は，j が $a_j = a(j)$ にうつされるという対応を列挙して，

$$a = \begin{pmatrix} 1 & 2 & 3 & \cdots & n \\ a_1 & a_2 & a_3 & \cdots & a_n \end{pmatrix}$$

で表す．したがって $\mathfrak{S}_n$ の要素は $\mathcal{N}$ の順列に対応し，その個数，すなわち $\mathfrak{S}_n$ の位数は $n!$ である．

積は写像の合成であり，たとえば

$$\begin{pmatrix} 1 & 2 & 3 \\ 2 & 1 & 3 \end{pmatrix} \begin{pmatrix} 1 & 2 & 3 \\ 1 & 3 & 2 \end{pmatrix} = \begin{pmatrix} 1 & 2 & 3 \\ 2 & 3 & 1 \end{pmatrix} \tag{1.12}$$

である．一方，この表し方はあまり経済的でない．1 と 2 を入れ替えるだけの写像は (12)，1 を 2, 2 を 3, 3 を 1 に循環させるような写像は (123) で表せば，積 (1.12) は

$$(12)(23) = (123) \tag{1.13}$$

と表せる．

表示 (1.13) に現れる (12), (23) や (123) のように，要素の組を巡回させ他は変えない置換を巡回置換とよび，巡回させるメンバーだけを順番に並べて表す．この記法で $\mathfrak{S}_n$ の要素 a をもう少し経済的に表すことを試みる．

補題 1.3.1. 任意の置換 $a \in \mathfrak{S}_n$ は，共通の要素を含まない巡回置換の積として積の順序を除いて一意的に表せる．

証明． $1, a(1), a(a(1)), a(a(a(1))), \cdots$ という列はいつか 1 に戻る．すなわち，a を k 回反復させたとき 1 が 1 に戻る $k \geq 1$ がある．そのような k の最小値を改めて k で表し，

$$i_1 = 1, \quad i_2 = a(1), \quad i_3 = a(a(1)), \cdots, \quad i_k = \overbrace{a(a(\cdots(a(1))\cdots))}^{k-1 \text{ 回反復}}$$

とおくと，a は N の部分集合 $\{i_1, i_2, \cdots, i_k\}$ に制限したときそれ自身への全単射になっており，置換としては，巡回置換 $(i_1, i_2, \cdots, i_k)$ と等しい．後は，N から $\{i_1, i_2, \cdots, i_k\}$ を引いた集合から要素 j を選び，同じ操作を繰り返せばよい． □

群 G の元 a, b に対し $cac^{-1} = b$ をみたす $c \in G$ が存在するとき，a と b は共役であるという．共役という関係は容易に同値関係であることが分かり，その同値類を共役類とよぶ．

補題 1.3.1 の表示は，対称群の共役類を分類するのにたいへん効果的である．

補題 1.3.2. $\mathfrak{S}_n$ の元の共役類は n の分割に一対一に対応する．

証明． 置換 $a \in \mathfrak{S}_n$ を補題 1.3.1 にしたがって共通の要素を含まない巡回置換の積で

$$a = (i_{1,1} \cdots i_{1,j_1})(i_{2,1} \cdots i_{2,j_2}) \cdots (i_{k,1} \cdots i_{k,j_k})$$

で表す．このとき

$$j_1 + j_2 + \cdots + j_k = n$$

であり，n の分割が定まる．したがって $\mathfrak{S}_n$ から n の分割の集合へ写像ができる．この写像が全射であるのは明らかだろう．

示すべきことは，同じ分割数に対応する置換 $a, b \in \mathfrak{S}_n$ は共役であることである．

$$b = (l_{1,1} \cdots l_{1,j_1})(l_{2,1} \cdots l_{2,j_2}) \cdots (l_{k,1} \cdots l_{k,j_k})$$

とするとき，天下りだが，

$$c = \begin{pmatrix} i_{1,1} & \cdots & i_{1,j_1} & i_{2,1} & \cdots & i_{2,j_2} & \cdots & i_{k,1} & \cdots & i_{k,j_k} \\ l_{1,1} & \cdots & l_{1,j_1} & l_{2,1} & \cdots & l_{2,j_2} & \cdots & l_{k,1} & \cdots & l_{k,j_k} \end{pmatrix}$$

とおくと，$x \in \mathcal{N}$ に対し $b(x)$ と $cac^{-1}(x)$ を定義にしたがって計算すると，

$$b = cac^{-1}$$

が成り立っていることが分かる. □

例 1.3.3. $\mathfrak{S}_5$ の共役類の個数は, 5 の分割 $1+1+1+1+1$, $1+1+1+2$, $1+2+2$, $1+1+3$, $2+3$, $1+4$, 5 に対応する 7 個で, それぞれの共役類の要素の個数は 1, 10, 15, 20, 20, 30, 24 である.

コメント 1.3.4. 対称群 $\mathfrak{S}_n$ の位数は $n!$ で, よく知られているように漸近的には
$$n! \sim \sqrt{2n\pi}\left(\frac{n}{e}\right)^n$$
であるが, $\mathfrak{S}_n$ の共役類の個数は n の分割数 $p(n)$ であり, その漸近挙動 (1.1.10) は遥かに小さい.

群同士を比較するため演算を込めて対応させる写像は準同型とよばれ, 以下のように定義される. 群 G, H の間の写像 $f: G \to H$ が, 任意の $a, b \in G$ に対して
$$f(ab) = f(a)f(b)$$
をみたすとき準同型写像であるという. さらに全単射のとき同型写像であるという. また二つの群 G, H の間に同型写像が存在するとき, G と H は同型であるといい, $G \simeq H$ で表す. 同型という概念は群の代数構造のみに着目するもので, 現代数学ではたいへん重要な考え方である. たとえば例 1.3.7 で説明するが, 正 3 角形の合同変換からなる回転と反転からなる群は, 3 次の対称群 $\mathfrak{S}_3$ と同型である. これにより幾何学的に定義される群上の様々な話題を, $\{1, 2, 3\}$ というわずか三つの数字からなる集合の話題に置き換えることができる.

以降, この節での主要な概念となる群の作用について一般的な解説をしばらく続ける. G を群, X を集合とする. X の全単射全体の集合を合成を積として群と見なし, X の自己同型群といい Aut X で表す. そこで,

定義 1.3.5 (群作用その 1). G の X への作用とは, 準同型

$$\phi : G \to \mathrm{Aut}\ X$$

のことをいう.

　作用を定める ϕ は,準同型でありさえすればどのような写像であってもかまわない.したがって,G と X を固定しても多種多様な作用がありえる.括弧を節約するため $\phi(a) = \phi_a$ で表すと,準同型であるという性質から
  1) $\phi_e = id_X$
  2) 任意の $a, b \in G$ と任意の $x \in X$ に対して $\phi_{ab}(x) = \phi_a(\phi_b(x))$

が成り立つ.さらに記号を節約するため,大胆にも ϕ を除いて上の2条件を
  1) $\forall x \in X$ に対して $ex = x$
  2) $\forall a, \forall b \in G$ と $\forall x \in X$ に対して $(ab)x = a(bx)$

と記すのも,ϕ が文脈により誤解が生じなければ明快である.

　群作用 ϕ がもつ上の二つの性質を群作用の定義とすることもできる.すなわち,

定義 1.3.6 (群作用その2).　写像 $\phi : G \times X \to X$ が
  1) $\forall x \in X$ に対し $\phi(e, x) = x$
  2) $\forall a, \forall b \in G$ と $\forall x \in X$ に対し $\phi(ab, x) = \phi(a, \phi(b, x))$

をみたすとき,G の X への作用という.

　最初の定義と同じ記号 ϕ を使ったが,最初の定義の ϕ_a をつぎの定義の $\phi(a,\ )$ に対応させれば,両者が等価であることは容易に分かる.

例 1.3.7.　ユークリッド平面におかれた正3角形を Δ とし,その頂点に時計回りに $1, 2, 3$ と番号をつける.$\mathfrak{S}_3$ の要素 a に対し,頂点対応が a であたえられるような Δ のユークリッド合同変換を ϕ_a とすると,対応 $a \to \phi_a$ は準同型 $\mathfrak{S}_3 \to \mathrm{Aut}\ \Delta$ を定め,3次対称群の正3角形の各点からなる集合への作用がえられる(図 1.5 参照).

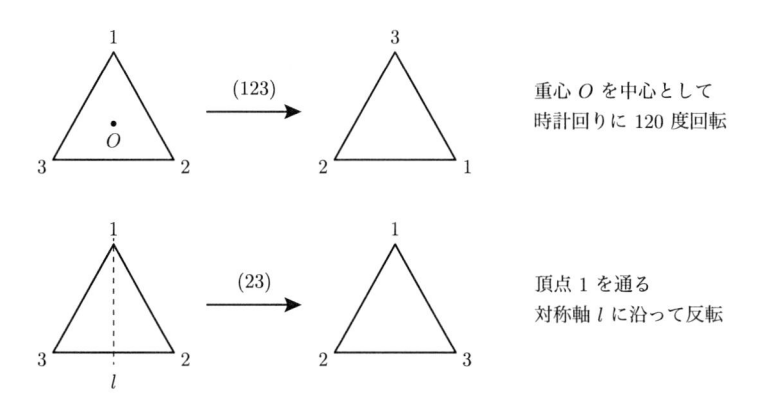

図 1.5 $\mathfrak{S}_3$ の正 3 角形への作用

例 1.3.8 (正則表現). G を群, G_0 をその台集合, すなわち G から演算を忘れた単なる集合とする. G の要素 $a \in G$ を一つ固定し, $x \in G_0$ に対し $ax \in G_0$ を対応させる写像は G_0 の全単射である. この写像を ϕ_a で表す. ϕ_a は $a \neq e$ のときは $\phi_a(e) \neq e$ であり群の同型ではないことに注意する. $a \in G$ に $\phi_a \in \text{Aut } G_0$ を対応させる写像を

$$\phi : G \to \text{Aut } G_0$$

とすると, ϕ は単射群作用 (効果的な群作用とよばれる) になることが容易に確かめられる. これは群だけからその演算を使ってえられる自然な作用で, 左正則表現とよばれている.

群作用の理論 (= 変換群論) における基本的術語をいくつか用意する. 群 G が集合 X に作用しているとしよう. $a \in G$ の固定点集合とは

$$\text{Fix } a = \{x \in X \, ; \, ax = x\},$$

すなわち a が固定する X の要素の集合である.

補題 1.3.9. $a, b \in G$ に対して $\text{Fix } bab^{-1} = b(\text{Fix } a)$ が成り立つ. とくに固定点集合の濃度 (要素の個数) は共役で不変.

証明．$x \in \mathrm{Fix}\, a$ とすると，$bab^{-1}(bx) = bx$ なので，$bx \in \mathrm{Fix}\, bab^{-1}$. 逆に $y \in \mathrm{Fix}\, bab^{-1}$ とすると，$bab^{-1}y = y$ より $a(b^{-1}y) = b^{-1}y$ であり，したがって $b^{-1}y \in \mathrm{Fix}\, a$. すなわち $y \in b(\mathrm{Fix}\, a)$. □

$x \in X$ の固定群および軌道とは，それぞれ

$$G_x = \{a \in G\,;\, ax = x\}, \qquad O_x = \{ax \in X\,;\, a \in G\}$$

で定義される G の部分群および X の部分集合のことである．すなわち，$x \in X$ の固定群とは，x を動かさない G の元の集まり，また $x \in X$ の軌道とは，x が G の作用でうつることができる X の点全体の集合である．G の作用に関して同じ軌道に属するという関係は同値関係であり，とくに G の作用は X を軌道に類別する．

補題 1.3.10. $x \in X$, $y \in O_x$ とするとき G_x と G_y は共役．

証明．x, y は同じ軌道に属しているので $a \in G$ で $ax = y$ をみたすものが存在する．このとき $G_x = a^{-1}G_y a$ となることを示す．$b \in G_y$ とすると，$a^{-1}bax = a^{-1}by = a^{-1}y = x$ なので $a^{-1}G_y a \subset G_x$ が分かる．逆の包含関係も同様． □

軌道の濃度を計算するため，群論の基本的概念の一つである剰余類について復習しておく．群 G の部分群 H があたえられたとする．このとき $a, b \in G$ に対して関係 $\sim$ を

$$a \sim b \iff a^{-1}b \in H$$

と定義すると，$\sim$ は同値関係になることが容易に確かめられる．この同値類を左剰余類といい，$a \in G$ が代表元となる左剰余類を aH で，また左剰余類の集合を G/H で表す．

左剰余類の定義中の $a^{-1}b$ を ab^{-1} に置き換えることにより右剰余類が定義され，Ha で表す．G の要素 $a \in G$ に $a^{-1} \in G$ を対応させる G から G 自身への写像は，G の H による左剰余類の集合から右剰余類の集合への全単射を

誘導する．したがって同値類の個数は右左によらない．この個数を H の G における指数とよび $[G:H]$ で表す．このときつぎの補題は自明だが，基本的である．

補題 1.3.11 (ラグランジュ)．
$$\#G = \#H\,[G:H].$$
とくに，G の部分群の位数は G の位数の約数である．

補題 1.3.12． $\#O_x = \#(G/G_x)$．

証明． $y \in O_x$ とすると，x を y にうつす G の要素 $a \in G$，すなわち $a(x) = y$ をみたす $a \in G$ が存在する．そこで $y \in O_x$ の $aG_x \in G/G_x$ への対応
$$\psi: O_x \to G/G_x$$
が，写像として矛盾なく定義できることを確かめる．選択の自由度は a のとり方にある．$a, a' \in G$ が $a(x) = y = a'(x)$ であるとする．このとき $a^{-1}a'(x) = x$ なので $a^{-1}a' \in G_x$．したがって $aG_x = a'G_x$．これで ψ が矛盾なく定義された．

後は ψ が全単射であることを確かめれば十分．全射であることは容易である．任意に左剰余類 aG_x を選ぶと $a(x)$ は x の G 作用の軌道にあるので $a(x) \in O_x$．これは ψ が全射であることをしめす．単射であることをしめすため，$y, y' \in O_x$ について $\psi(y) = aG_x, \phi(y') = a'G_x$ で，かつ $aG_x = a'G_x$ が成り立つとする．とくに $y = a(x), y' = a'(x)$ である．このとき $a^{-1}a' \in G_x$ なので，$a^{-1}a'(x) = x$ である，したがって $y = a(x) = a'(x) = y'$ であり，これは ψ が単射であることをしめす． □

補題 1.3.13 (コーシー–フロベニウス)．有限群 G が，有限集合 X に作用しているとする．このとき G の作用の軌道の個数は G の各元の固定点集合の濃度の平均値，すなわち

$$\frac{1}{\#G}\sum_{a\in G}\#(\operatorname{Fix} a)$$

に等しい.

証明. X は G の作用により軌道 $O_1, O_2, \cdots, O_m$ に類別されるとする. $\#O_i = k_i$ とおき,さらに $x \in O_i$ のとき $k_x = k_i$ とおく. そこで計算,

$$\begin{aligned}\frac{1}{\#G}\sum_{a\in G}\#(\operatorname{Fix} a) &= \frac{1}{\#G}\sum_{x\in X}\#G_x \\ &= \frac{1}{\#G}\sum_{x\in X}\frac{\#G}{k_x} \\ &= \frac{1}{\#G}\sum_{i=1}^m k_i\frac{\#G}{k_i} = m.\end{aligned}$$

最初の等式は,各元 a が固定する要素の数の総和は各要素が固定する元の個数の総和に等しいことによる. □

対称群は,$\mathcal{N} = \{1, 2, \cdots, n\}$ とおき,$\mathfrak{S}_n = \operatorname{Aut}\mathcal{N}$ として定義した. 対称群 $\mathfrak{S}_n$ あるいはその部分群 $\Gamma < \mathfrak{S}_n$ を置換群とよぶ. 置換群 Γ から対称群 $\mathfrak{S}_n$ への包含単射準同型 $\Gamma \to \mathfrak{S}_n = \operatorname{Aut}\mathcal{N}$ は,Γ の集合 $\mathcal{N}$ への効果的な作用

$$\Gamma \to \operatorname{Aut}\mathcal{N}$$

を定める. 置換群の作用を表すときはそもそも要素は $\mathcal{N}$ に働く写像として定義されているので,$\gamma \in \Gamma$ をそのまま写像の記号と見なす.

$\gamma \in \Gamma < \mathfrak{S}_n$ に対し,$\sigma_j(\gamma)$ を γ が含む長さ j の巡回置換の個数とおき,いくつかの性質をまとめておく. 証明は不要だろう.

補題 1.3.14. 1) $\sigma_1(\gamma) + 2\sigma_2(\gamma) + \cdots + n\sigma_n(\gamma) = n$.

2) $\sigma(\gamma) = \sigma_1(\gamma) + \sigma_2(\gamma) + \cdots + \sigma_n(\gamma)$ は γ が生成する巡回群 $\langle\gamma\rangle$ の作用の軌道の個数である.

3) $\sum_{\gamma\in\mathfrak{S}_n} x_1^{\sigma_1(\gamma)} x_2^{\sigma_2(\gamma)} \cdots x_n^{\sigma_n(\gamma)}$ は $\mathfrak{S}_n$ の共役類の濃度の母関数である.

4) $\Gamma < \mathfrak{S}_n$ に対して,$\sum_{\gamma\in\Gamma} x_1^{\sigma_1(\gamma)} x_2^{\sigma_2(\gamma)} \cdots x_n^{\sigma_n(\gamma)}$ は $\mathfrak{S}_n$ の共役類と Γ

の共通部分の濃度の母関数である．

5) 4) で $x_1 = x_2 = \cdots = x_n = x$ と置いたものは，軌道の個数が等しい元の個数の母関数である．さらに $x = 1$ とおくと Γ の濃度である．

群作用により記述される対称性をもつ対象を数え上げるポリアの定理を定式化するために，置換群の作用から誘導される写像の集合への置換群の作用について説明する．

Γ を $\mathcal{N} = \{1, 2, \cdots, n\}$ に作用する置換群とする．$\mathcal{R}$ を有限集合としたとき，
$$\mathcal{M} = \{f \mid f : \mathcal{N} \to \mathcal{R}\}$$
には，$\gamma \in \Gamma$, $f \in \mathcal{M}$ に対して
$$\gamma_f(x) = f(\gamma^{-1}(x))$$
として $\gamma_f \in \mathcal{M}$ を定めると，Γ の $\mathcal{M}$ への作用が定まる．実際
$$e_f = f, \qquad (\gamma \cdot \beta)_f = \gamma_{\beta_f}$$
が成り立つ．念のために右の等式を確認しておく．
$$(\gamma \cdot \beta)_f(x) = f((\gamma \cdot \beta)^{-1}(x)) = f(\beta^{-1} \cdot \gamma^{-1}(x)) = \beta_f(\gamma^{-1}(x)) = \gamma_{\beta_f}(x).$$

定義 1.3.15 (巡回指数)．置換群 $\Gamma < \mathfrak{S}_n$ の巡回指数を，$\mathfrak{S}_n$ の共役類と Γ の共通部分の濃度の母関数を Γ の位数で割った多項式，すなわち
$$\frac{1}{\#\Gamma} \sum_{\gamma \in \Gamma} x_1^{\sigma_1(\gamma)} x_2^{\sigma_2(\gamma)} \cdots x_n^{\sigma_n(\gamma)}$$
で定義する．

定理 1.3.16 (ポリア)．Γ の $\mathcal{M}$ への作用の軌道の個数は，対応する $\Gamma < \mathfrak{S}_n$ の巡回指数のすべての変数に $\#\mathcal{R}$ を代入してえられる．

証明． コーシー–フロベニウスの補題 1.3.13 を用い，Γ の $\mathcal{M}$ への作用の軌道の個数を，各元 $\gamma \in \Gamma$ の固定点の個数の平均値として計算する．

まず Γ の $\mathcal{M}$ への作用の固定点を解釈する．$f \in \mathcal{M}$ が $\gamma \in \Gamma$ の固定点であること，すなわち $\gamma_f = f$ であることと，任意の $x \in \mathcal{N}$ に対し

$$f(x) = \gamma_f(x) = f(\gamma^{-1}(x))$$

が成り立つことは同値である．左辺と右辺を結ぶ等式は，f が γ が生成する Γ の部分群 $\langle \gamma \rangle$ の作用の軌道上では一定の値をとることを意味する．そこで $\sigma(\gamma)$ が補題 1.3.14 の 2) より $\langle \gamma \rangle$ の $\mathcal{N}$ への作用の軌道の個数であったことを思い出すと，固定点の個数，すなわち軌道上は一定の値をとる $\mathcal{R}$ への写像の個数は $(\#\mathcal{R})^{\sigma(\gamma)}$．したがってもとめる数は

$$\frac{1}{\#\Gamma} \sum_{\gamma \in \Gamma} (\#\mathcal{R})^{\sigma(\gamma)} = \frac{1}{\#\Gamma} \sum_{\gamma \in \Gamma} (\#\mathcal{R})^{\sigma_1(\gamma) + \sigma_2(\gamma) + \cdots + \sigma_n(\gamma)}$$
$$= \frac{1}{\#\Gamma} \sum_{\gamma \in \Gamma} (\#\mathcal{R})^{\sigma_1(\gamma)} (\#R)^{\sigma_1(\gamma)} \cdots (\#\mathcal{R})^{\sigma_1(\gamma)}$$

この値は巡回指数の変数に $\#\mathcal{R}$ を代入したものにほかならない． □

ポリアの定理をよく吟味すると，数え上げにターゲット集合 $\mathcal{R}$ の制限がないことに気づく．すなわち，ポリアの定理は巡回指数が計算できる対象に対しては $\mathcal{R}$ の濃度に関係しない数え上げを主張している．この効果を示す例をいくつか並べる．

例 1.3.17. 一つの球と二つの 4 面体を N 個の箱に入れる入れ方の総数を数え上げてみる（図 1.6 参照）．ただし，同じ箱に何をいくつ入れてもよく，また二つの 4 面体は区別できないとする．

球に 1，二つの 4 面体に 2, 3 の番号をつけ，N 個の箱には $a_1, a_2, \cdots, a_N$ と名前をつける．4 面体同士は区別がつかないので，$\Gamma = \{e, (23)\} < \mathfrak{S}_3$ を $\mathcal{N} = \{1, 2, 3\}$ に作用させて考える．このとき入れ方は $\mathcal{N}$ から $\mathcal{R} = \{a_1, a_2, \cdots, a_N\}$ への写像に対応するので，もとめる場合の数は Γ の $\mathcal{M} = \{f : \mathcal{N} \to \mathcal{R}\}$ への作用の軌道の個数である．一方，この場合の巡回指数は，e に対応する単項式が x_1^3，(23) に対応する単項式が $x_1 x_2$ なので，

$$\frac{1}{2}(x_1^3 + x_1 x_2)$$

であり, x_1, x_2 に $\#\mathcal{R} = N$ を代入して $\frac{1}{2}(N^3 + N^2) = \frac{N^2(N+1)}{2}$ がえられる.

この程度であれば手計算で数え上げることも容易である. 実際, 球の入れ方が N 通り, 4面体の入れ方が N 個から重複を許して2個選ぶ重複組合せなので $\binom{N+2-1}{N-1} = \frac{N(N+1)}{2}$ 通りで, これらを掛けて同じ結果がえられる.

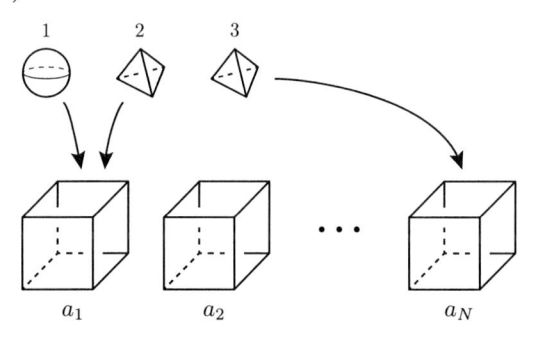

図 1.6 箱入れ

対称性が複雑になると, 手計算では難しくなる.

例 **1.3.18.** 立方体の各面を N 色で塗分ける塗分け方の総数を数え上げたい. 同じ色で塗られる面があっても差し支えない (図 1.7 参照). ただし, 空間の

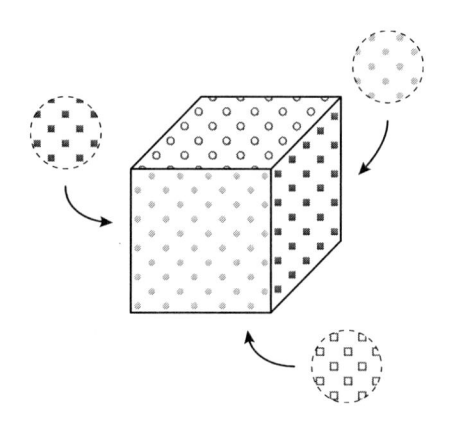

図 1.7 立方体の面の塗り分け

回転でうつりあう塗り分け方は同一視するとする．

まず，面に 1 から 6 まで番号をつけ，$\mathcal{N} = \{1,2,3,4,5,6\}$ とおく．ここには空間の回転が導く正 6 面体群 Γ の作用がある．そこで $\Gamma < \mathfrak{S}_6$ の巡回指数をもとめるため，正 6 面体を不変にする空間の回転を分類する．x_1^6 に対応する何も動かさない恒等変換がある．他はいずれも正 6 面体の中心を通る軸に関する回転で，以下のように分類される．$x_1^2 x_2^2$ に対応する面の中心を通る軸

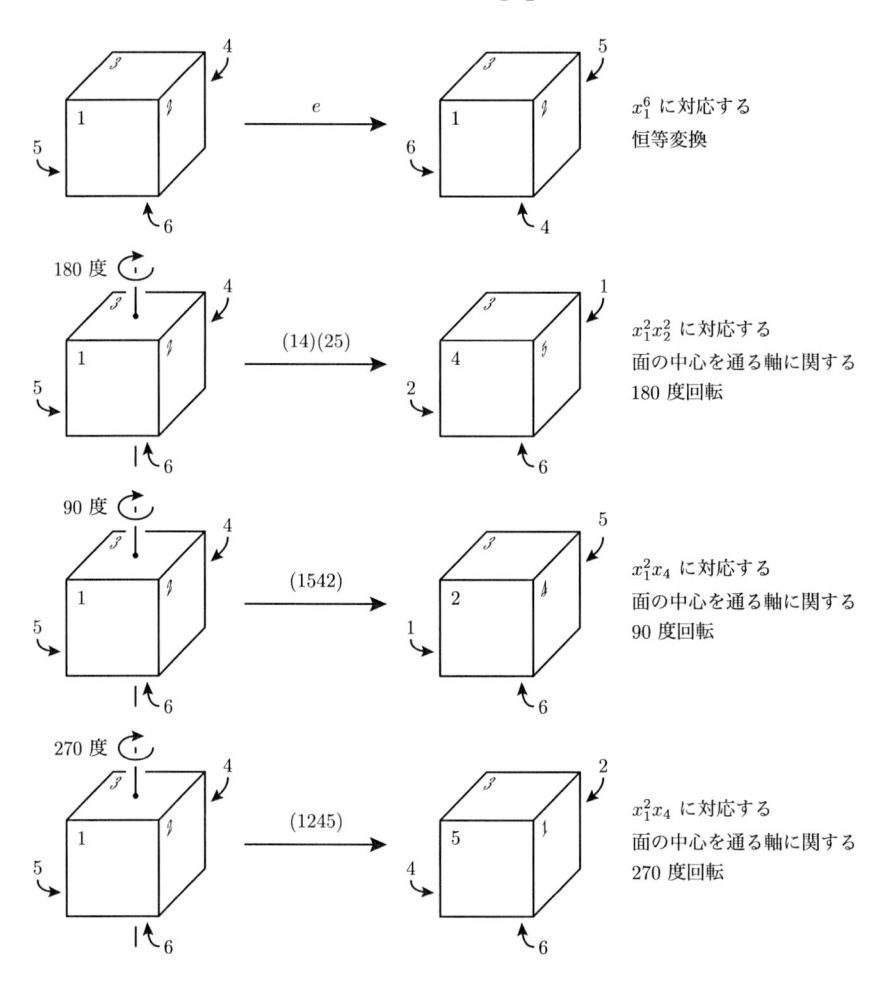

図 1.8 立方体の合同変換（その 1）

に関する 180 度回転 が三つ，$x_1^2 x_4$ に対応する 90 度回転，270 度回転 がそれぞれ三つある（図 1.8 参照）．また x_2^3 に対応する辺の中心を通る軸に関する 180 度回転 が六つ，x_3^2 に対応する頂点を通る軸での 120 度回転，240 度回転 がそれぞれ四つある（図 1.9 参照）．

以上から巡回指数は

$$\frac{1}{24}(x_1^6 + 3x_1^2 x_2^2 + 6x_1^2 x_4 + 6x_2^3 + 8x_3^2)$$

である．また，N 色の色の集合を $\mathcal{R}$ とおけば $\#\mathcal{R} = N$ で，結局

$$\frac{1}{24}(N^6 + 3N^4 + 12N^3 + 8N^2)$$

がえられる．

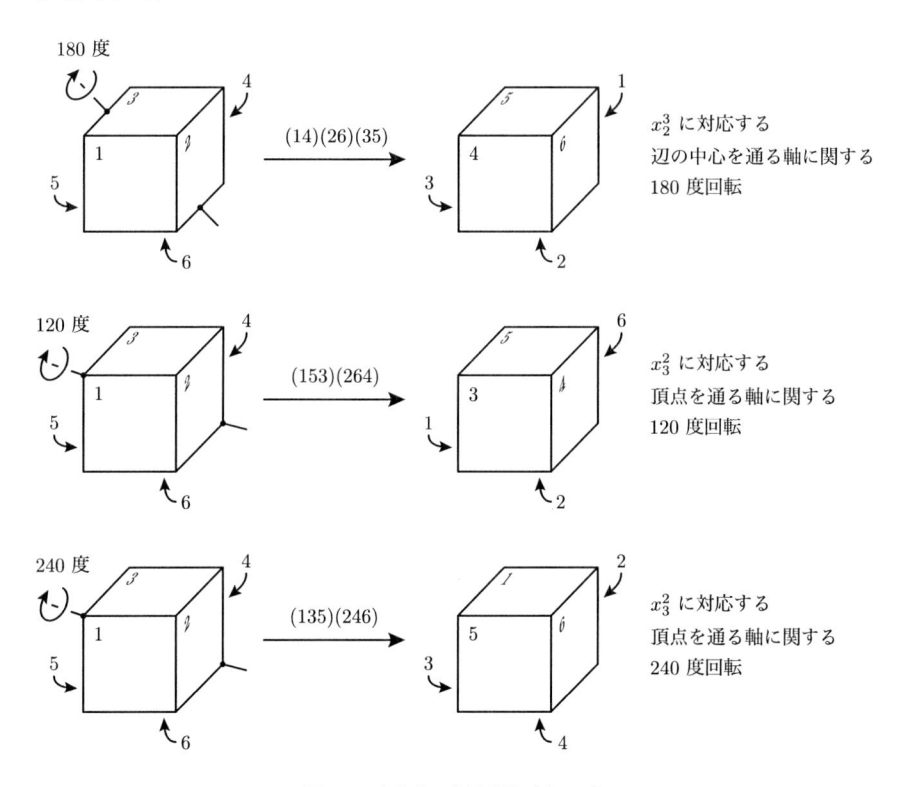

図 1.9　立方体の合同変換（その 2）

例 1.3.19 (グラフの同型類). 集合 $V = \{1, 2, \cdots, n\}$ と，V の異なる二つの要素からなる部分集合の集合 $B = \{\{i,j\} \subset V\,;\, 1 \leq i < j \leq n\}$ を考える．写像 $E : B \to \{0,1\}$ を指定すると，V を頂点とし E の値が 1 である頂点の組を辺で結ぶことによりグラフがえられる（図 1.10 参照）．このようにしてえられるグラフの総数は E の選び方だけ，すなわち $2^{n(n-1)/2}$ 通りある．

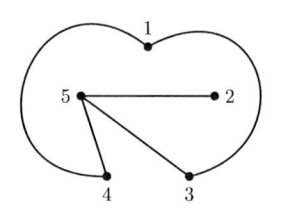

図 1.10 グラフ

しかしこれは頂点の番号つけを固定して数えており，たとえば辺が 1 個しかないようなグラフは，いずれも同じようなものだが $n(n-1)/2$ 通りに数えている．このような無駄を避けるため，頂点の番号つけを入れ替えることにより同じ辺集合がえられるグラフは同じと見なして，どれくらいグラフの種類があるか数え上げてみよう．

頂点集合 V の番号つけを入れ替える対応は，合成を演算として $\mathfrak{S}_n$ と同型な群 Γ で，それが辺集合の置換からなる群 $\mathfrak{S}_{n(n-1)/2}$ に埋め込まれている

$$\mathfrak{S}_n \simeq \Gamma < \mathfrak{S}_{n(n-1)/2}$$

この置換群の巡回指数と計算すればよいが，一般の n について実行するのはたいへんなので，ここでは $n = 5$ の場合を具体的に検証する．

$\mathfrak{S}_5$ の共役類は 5 の分割に対応していて，$1+1+1+1+1$, $2+1+1+1$, $2+2+1$, $3+1+1$, $3+2$, $4+1$, 5 の 7 通りあり，それぞれの要素の個数は 1, 10, 15, 20, 20, 30, 24 ある．$\Gamma \simeq \mathfrak{S}_5$ の各元の辺の集合への作用は，$\mathfrak{S}_{10}$ の要素を指定するが，その共役類は Γ の共役類で決まる．その対応を 5 と 10 の分割で逐一見ると，

$$1+1+1+1+1 \Rightarrow 1+1+1+1+1+1+1+1+1+1$$
$$2+1+1+1 \Rightarrow 2+2+2+1+1+1+1$$
$$2+2+1 \Rightarrow 2+2+2+2+1+1$$
$$3+1+1 \Rightarrow 3+3+3+1$$
$$3+2 \Rightarrow 1+3+6$$
$$4+1 \Rightarrow 2+4+4$$
$$5 \Rightarrow 5+5$$

であることが確かめられる．これらのデータにより巡回指数は

$$\frac{1}{120}(x_1^{10} + 10x_1^4 x_2^3 + 15x_1^2 x_2^4 + 20x_1 x_3^3 + 20x_1 x_3 x_6 + 30x_2 x_4^2 + 24x_5^2)$$

と計算でき，もとめる個数は $x_1 = x_2 = \cdots = x_6 = 2$ を代入して 34 通りであることが分かる．

以上のウォーミングアップのもとに，ポリアの定理を使って重複円順列の総数をもとめるが，そのため，整数論的関数を一つ定義する．

定義 1.3.20 (オイラー関数)．自然数 $n \in \mathbb{N} = \{1, 2, 3, \cdots\}$ に対して

$$\varphi(n) = \#\{m \in \mathbb{N};\, 1 \leq m \leq n,\, (n, m) = 1\}$$

で定まる関数をオイラー関数という．

p を素数とするとき，$\varphi(p) = p - 1$ であることは明らかだろう．また $\varphi(2^k)$ は 2^k 以下の正の奇数の個数なので，$\varphi(2^k) = 2^{k-1}$ であることも容易に分かる．さらにオイラー関数に慣れるため，やさしい演習と一つ難しい問題を並べておく．

演習問題 1.3.21． つぎに答えよ．
  1) $n \leq 100$ に対して $\varphi(n)$ を計算せよ．

2) p, q を互いに異なる素数とするとき $\varphi(pq) = (p-1)(q-1)$ であること
を示せ.
3) p を素数とするとき $\varphi(p^2)$ をもとめよ.
4) $(m, n) = 1$ のとき $\varphi(mn) = \varphi(m)\varphi(n)$ を示せ.
5) $\varphi(120), \varphi(180)$ を計算せよ.
6) $$\begin{vmatrix} (1,1) & (2,1) & \cdots & (n,1) \\ (2,1) & (2,2) & \cdots & (n,2) \\ \multicolumn{4}{c}{\dotfill} \\ (n,1) & (n,2) & \cdots & (n,n) \end{vmatrix} = \varphi(1)\varphi(2)\cdots\varphi(n)$$ を示せ.

例 1.3.22 (重複円順列)**.** 円周上に n 個の等分点をとり,時計回りに 1 から n までの数字を割り当てる.それらの各々に,有限集合 $\mathcal{R} = \{1, 2, \cdots, N\}$ のいずれかの要素を置く場合の総数を,回転でうつり合う置き方は区別せずに数え上げる(図 1.11 参照).

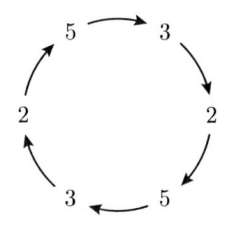

図 1.11 重複円順列

そのため,回転の n 等分点集合 $\mathcal{N} = \{1, 2, \cdots, n\}$ への作用は,$\mathfrak{S}_n$ において $(12\cdots n)$ が生成する位数 n の巡回群 $\Gamma = \langle (12\cdots n) \rangle < \mathfrak{S}_n$ で表されると考える.その巡回指数をもとめれば,計算はポリアの定理に帰着できる.そのためには,$\Gamma = \langle (12\cdots n) \rangle < \mathfrak{S}_n$ の要素を $\mathfrak{S}_n$ の共役類で分類すればよい.一方,$\mathfrak{S}_n$ での共役類の分類は,互いに共通の文字を含まない巡回置換の積として表したときの,各巡回置換の長さが定める n の分割に対応する.したがって $(12\cdots n)^k$ がどのように巡回置換の積に分解されるかを考える.

n の約数 $d|n$ を選ぶと,$(12\cdots n)^{n/d}$ は位数 d の元で,隣り合う数字を区

別するためカンマを入れて，

$$\left(1, \frac{n}{d}+1, \cdots, \frac{(d-1)n}{d}+1\right)\left(2, \frac{n}{d}+2, \cdots, \frac{(d-1)n}{d}+2\right)\cdots$$
$$\cdots\left(\frac{n}{d}, \frac{2n}{d}, \cdots, \frac{(d-1)n}{d}+\frac{n}{d}\right)$$

と表示される．すなわち，長さが d の巡回置換の n/d 個の積として表せる．一方，d 乗すると単位元になる元は $(12\cdots n)$ の kn/d 乗 $k=0,1,2,\cdots,d-1$ の d 個で，そのうち $k>0$ が d と互いに素のときに，d 乗して初めて単位元になる．したがって位数が d の元の個数はオイラー関数を用いて $\varphi(d)$ であり，$\Gamma<\mathfrak{S}_n$ の巡回指数は

$$\frac{1}{n}\sum_{d|n}\varphi(d)x_d^{n/d}$$

となる．後は変数に $\#\mathcal{R}=N$ を代入して

$$\frac{1}{n}\sum_{d|n}\varphi(d)N^{n/d}$$

がえられる．

副産物だが，$N=1$ とすると総数は明らかに 1 なので，$\frac{1}{n}\sum_{d|n}\varphi(d)=1$ となり，

$$\sum_{d|n}\varphi(d)=n \tag{1.14}$$

というオイラー関数に関する等式がえられる．等式 (1.14) については後で見通しのよい別証明をあたえる．

いくつか演習問題を挙げておく．

演習問題 1.3.23. つぎに答えよ．
1) トーラス上の 3×3 のます目を n 色で塗分ける塗分け方の総数をもとめよ．ここでトーラスとは，正方形の上辺と下辺，および右辺と左辺を貼り合わせてできる図形であり，平行移動でうつり合う塗り分け方は同一

視する.

貼り合わせる

貼り合わせる

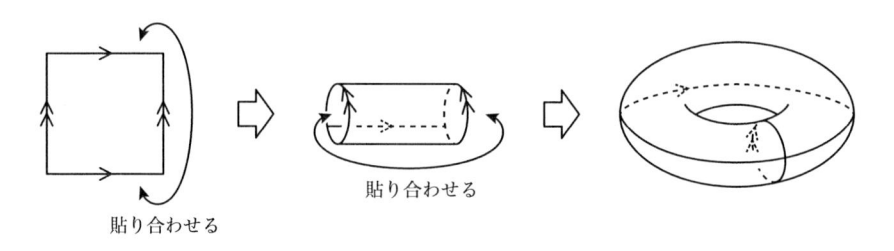

図 1.12 トーラス

2) 対称群 $\mathfrak{S}_n(< \mathfrak{S}_n)$ の巡回指数をもとめよ.
3) $\mathfrak{S}_n$ の左正則表現 $\mathfrak{S}_n(< \mathfrak{S}_{n!})$ の巡回指数をもとめよ.
4) 巡回指数に $x_j = a_1^j + a_2^j + \cdots + a_n^k$ を代入した多項式は,ポリアの定理の数え上げの内訳と解釈できることを示せ.

1.4 ディリクレ母関数

1.1 節で議論したベキ級数型母関数は,数列を形式的ベキ級数に対応させることによってえた.この操作で数列のもつ情報が落ちないのは,可算個の単項式 $1, x, x^2, \cdots$ が実数上の関数として一次独立だからである.すなわち,
$f(x) = \sum_{n=0}^{\infty} a_n x^n, g(x) = \sum_{n=0}^{\infty} b_n x^n$ とすると

$$f \equiv g \iff a_n = b_n \quad \text{が任意の } n \geq 0 \text{ にて成立}.$$

さらに関数にすることにより情報が増え,代数的な計算や解析的な計算に耐えられ有用であった.

しかし,可算個の一次独立な関数は単項式に限らずたくさんある.ここでは変数と指数の役割をひっくり返して,指数関数の列 $1^x, 2^x, 3^x, \cdots$ を考えてみる.指数関数は発散の程度が早いので,正の部分で収束範囲が広くなるように変数を逆数にして文字も s に変えて

$$1^{-s}, 2^{-s}, 3^{-s}, \cdots$$

としてみよう．これらは $s > 1$ で定義された一次独立な関数である．

数列 $\{a_n\}_{n \geq 1}$ のディリクレ母関数を，

$$A(s) = \sum_{n=1}^{\infty} \frac{a_n}{n^s}$$

で定義される形式的ディリクレ級数のこととする．

$$A(s) = \sum_{n=1}^{\infty} \frac{a_n}{n^s}, \qquad B(s) = \sum_{n=1}^{\infty} \frac{b_n}{n^s}$$

を形式的ディリクレ級数とすると，その和が

$$(A+B)(s) = \sum_{n=1}^{\infty} \frac{a_n + b_n}{n^s},$$

積が

$$(A \cdot B)(s) = \sum_{n=1}^{\infty} \frac{\sum_{d|n} a_d b_{n/d}}{n^s}$$

により形式的に定義され，形式的ベキ級数の場合と同じようにその全体の集合は環になる．積に現れた $\sum_{d|n}$ は n の約数 d についての和を表す．

補題 1.4.1. 1) 形式的ディリクレ級数環は，積の単位元 1 をもつ可換環である．

2) $a_1 \neq 0$ ならば $A(s)$ は積の逆元をもつ．

証明． 1) について，結合法則以外は容易なので省略する．$C(s) = \sum_{n=1}^{\infty} c_n/n^s$ とおくと

$$((A \cdot B) \cdot C)(s) = \sum_{n=1}^{\infty} \frac{\sum_{d|n} (\sum_{e|d} a_e b_{d/e}) c_{n/d}}{n^s}$$
$$= \sum_{n=1}^{\infty} \frac{\sum_{e|d|n} a_e b_{d/e} c_{n/d}}{n^s}$$

$$= \sum_{n=1}^{\infty} \frac{\sum_{e|n} a_e (\sum_{(d/e)|(n/e)} b_{d/e} c_{(n/e)/(d/e)})}{n^s}$$
$$= (A \cdot (B \cdot C))(s).$$

2) については，$A(s)$ を $a_1 \neq 0$ の既知のディリクレ母関数とし，$A(s)B(s) = 1$ という $\{b_n\}_{n \geq 1}$ に関する方程式を立てると，$b_1 = 1/a_1$，さらに b_i $(i \leq n-1)$ が決まれば b_n が決まることを逐次確かめられることから結論される． □

例 1.4.2 (リーマンの ζ 関数)．任意の $n \geq 1$ について $a_n = 1$ であるような数列のディリクレ母関数

$$\zeta(s) = \sum_{n=1}^{\infty} \frac{1}{n^s}$$

は，リーマンの ζ 関数とよばれ整数論の主役である．

リーマン ζ の $s > 1$ での収束は容易に分かる．$s > 1$ のとき $1/x^s$ は減少関数で，$n \geq 2$ では

$$\frac{1}{n^s} < \int_{n-1}^{n} \frac{dx}{x^s}$$

が成り立つ．したがって

$$\zeta(s) - 1 = \sum_{n=2}^{\infty} \frac{1}{n^s} < \int_{1}^{\infty} \frac{dx}{x^s} = \frac{1}{s-1}.$$

定理 1.4.3 (リーマン ζ のオイラー無限積表示)．$\mathcal{P}$ を素数全体の集合とするとき，

$$\zeta(s) = \prod_{p \in \mathcal{P}} \frac{1}{1 - p^{-s}}$$

が成り立つ．

証明． 右辺の無限積が $s > 1$ の任意の閉区間で一様収束することは，補題 1.1.12 で分かる．素数 p についての展開式

$$\frac{1}{1-p^{-s}} = 1 + \frac{1}{p^s} + \frac{1}{p^{2s}} + \cdots$$

を，すべての素数について積をとり，素数を小さい順にならべて $2 = p_1 < p_2 < \cdots$ とすると

$$\prod_{p \in \mathcal{P}} \frac{1}{1-p^{-s}} = \left(1 + \frac{1}{p_1^s} + \frac{1}{p_1^{2s}} + \cdots\right)\left(1 + \frac{1}{p_2^s} + \frac{1}{p_2^{2s}} + \cdots\right)\cdots$$
$$= \sum_{0 \leq e_1, e_2, \cdots} \frac{1}{(p_1^{e_1} p_2^{e_2} \cdots)^s}.$$

最後の和は，指数の列 $e_1, e_2, \cdots$ として 0 でないものが有限個である列にわたってとるので，すべての自然数がただ 1 回だけ現れ，リーマンの ζ 関数に一致する． □

リーマン ζ の逆関数を計算するために，整数論的関数を一つ定義する．

定義 1.4.4. 自然数 n の素因数分解を $n = p_1^{e_1} p_2^{e_2} \cdots p_k^{e_k}$ とする．このとき

$$\mu(n) = \begin{cases} 1 & n = 1 \text{ のとき} \\ (-1)^k & e_1 = e_2 = \cdots = e_k = 1 \text{ のとき} \\ 0 & \text{その他} \end{cases}$$

で定義される関数 $\mu : \mathbb{N} \to \mathbb{R}$ をメビウス関数という．

補題 1.4.5. $n > 1$ のとき

$$\sum_{d|n} \mu(d) = 0.$$

証明． $n > 1$ なので，

$$\sum_{d|n} \mu(d) = \mu(1) + \sum_i \mu(p_i) + \sum_{i<j} \mu(p_i p_j) + \cdots + \mu(p_1 p_2 \cdots p_k)$$
$$= 1 - k + \binom{k}{2} - \cdots + (-1)^k$$

$$= (1-1)^k = 0.$$

$\square$

演習問題 1.4.6. $\sum_{d|n}\sum_{k|d}\mu(k)g(d/k)$ を簡単にせよ．

補題 1.4.7 (リーマン ζ の逆関数).

$$\zeta^{-1}(s) = \sum_{n=1}^{\infty}\frac{\mu(n)}{n^s}.$$

証明． まず

$$B(s) = \prod_{p\in\mathcal{P}}(1-p^{-s})$$

とおく．$B(s)$ は $s>1$ の任意の閉区間で一様収束し，オイラーの無限積表示よりリーマン ζ の逆元である．この無限積の m 番目までの積をとると，分母が p_m までの自然数の s 乗が現れる項はすべて尽くすので，

$$\prod_{k=1}^{m}\left(1-\frac{1}{p_k^s}\right) = \sum_{n=1}^{p_m}\frac{\mu(n)}{n^s} + \sum_{n>p_m}\frac{\pm 1 \text{ または } 0}{n^s}.$$

$m\to\infty$ のとき，後半は 0 に収束し，前半はもとめる ζ^{-1} に収束する． $\square$

定理 1.4.8 (メビウスの反転公式). f,g を $\mathbb{N}$ 上の関数とすると，

$$f(n) = \sum_{d|n}g(d) \iff g(n) = \sum_{d|n}\mu(d)f(n/d).$$

証明． $A(s), B(s)$ をそれぞれ $f(n), g(n)$ のディリクレ母関数とする．このとき $A(s) = B(s)\zeta(s)$ が左の等式で，$A(s)\zeta^{-1}(s) = B(s)$ が右の等式． $\square$

メビウスの反転公式に現れる等式を指数の肩に載せるとつぎの乗法版がえられる．

定理 1.4.9 (メビウスの反転公式の乗法版). f, g を $\mathbb{N}$ 上の関数とすると,

$$f(n) = \prod_{d|n} g(d) \iff g(n) = \prod_{d|n} f(d)^{\mu(n/d)}.$$

例 1.4.10 (円分多項式). 1 の n 乗根は n 個あるが，そのうち n 乗して初めて 1 になる解を原始 n 乗根という．その代表として $\zeta_n = e^{2\pi i/n}$ を選ぶと，他の原始 n 乗根は $(n, k) = 1$ をみたす $1 \leq k < n$ を用いて ζ_n^k と表せる．そこで

$$\Phi_n(x) = \prod_{1 \leq k < n, (n,k)=1} (x - \zeta_n^k)$$

とおくと，これは $\varphi(n)$ 次の多項式で，$\Phi_n(x) = 0$ は 1 の原始 n 乗根を解にもつ方程式になる．とくに，

$$x^n - 1 = \prod_{d|n} \Phi_d(x) \tag{1.15}$$

という因数分解がえられる．

ここで値を関数体にとる整数論的関数に対する定理 1.4.9 を適用すると

$$\Phi_n(x) = \prod_{d|n} (x^d - 1)^{\mu(n/d)}$$

となる．左辺は多項式なので，右辺の分母は分子の因子になっている．とくに $\Phi_n(x)$ は整係数多項式である．さらに整数係数多項式としてはこれ以上因数分解できない既約多項式であることが確かめられる．詳細はたとえば拙著[*2)]を参照．

例 1.1.3 で議論した因数分解をもとめたい多項式は，n が平方数 m^2 の場合の

$$x^{m^2} - 1 = (x-1)(1 + x + x^2 + \cdots + x^{m^2 - 1})$$

の両辺を $\Phi_1(x) = x - 1$ で割った式である．$m = p$ が素数の場合は

$$x^{p^2} - 1 = \Phi_1(x) \Phi_p(x) \Phi_{p^2}(x)$$

[*2)] 小島定吉:『多角形の現代幾何学 増補版』牧野書店, 1999 年.

が既約分解になっていて，もとめる分割が一意であることが分かるが，m が合成数の場合は問題は複雑だということが (1.15) から伺える．

メビウスの反転公式を直接応用して解ける演習問題を挙げる．

演習問題 **1.4.11**. つぎに答えよ．

1) つぎの性質をみたす関数 $\tau(n)$ をもとめよ．
$$g(n) = \sum_{k=0}^{n} f(k) \iff f(n) = \sum_{k=0}^{n} \tau(k) g(n-k).$$

2) $\Lambda : \mathbb{N} \to \mathbb{R}$ が $\sum_{d|n} \Lambda(d) = \log n$ をみたすとき

$$\Lambda(n) = \begin{cases} \log p & n = p^e \text{ のとき} \\ 0 & \text{その他} \end{cases}$$

を示せ．

例 **1.4.12** (重複円順列再掲). 例 1.3.22 でもとめた重複円順列の総数を，メビウスの反転公式を用いて計算しよう．

繰り返しになるが，重複円順列とは，N 個の要素からなる有限集合 $\mathcal{R} = \{1, 2, \cdots, N\}$ の要素を，重複を許して n 個円状に並べたもので，始まりと終わりの区別をつけない．したがってその総数は，n と N によって表示される．その計算に，今回はメビウスの反転公式を用いる．

n の約数を一つ選び d とする．d 個分だけ回転して初めて元の並べ方に一致するような並べ方の総数を $f(d)$ とする．$f(d)$ は d 個の要素からなる周期性のまったくない重複円順列の個数と等しい．すなわち n によらないので，記号に n を含めていない．

もとめる数は，回転でうつり合うものは同じと考えるから

$$\sum_{d|n} \frac{1}{d} f(d) \tag{1.16}$$

である．一方，回転を考慮しないで要素を重複を許し並べる並べ方の総数は

$(\#\mathcal{R})^n = N^n$ で,それは $\sum_{d|n} f(d)$ とも表せる.したがってメビウスの反転公式から

$$f(n) = \sum_{d|n} \mu(d) N^{n/d}$$

となる.これを (1.16) に代入すれば

$$\sum_{d|n} \frac{1}{d} \sum_{e|d} \mu(e) N^{d/e}$$

という表示がえられる.

例 1.4.12 の帰結は,例 1.3.22 でもとめた重複円順列の数え上げ式

$$\frac{1}{n} \sum_{d|n} \varphi(d) N^{n/d}$$

とはだいぶ異なって見える.その差異の解釈には,もう少しオイラー関数とメビウス関数との関係を知る必要がある.そのため話題が少しずれるように思われるかもしれないが,包除の原理について説明する.包除の原理とは和集合の要素の個数を各々の共通部分の要素の個数で表す原理で,以下のように記される.

補題 1.4.13 (包除の原理). $A_1, A_2, \cdots, A_k$ を有限集合とするとき,

$$\#(A_1 \cup \cdots \cup A_k) = \sum_{1 \leq i \leq k} \#A_i - \sum_{1 \leq i_1 < i_2 \leq k} \#(A_{i_1} \cap A_{i_2}) + \cdots$$
$$\cdots + (-1)^{k-1} \#(A_1 \cap A_2 \cap \cdots \cap A_k).$$

証明. $A_1 \cup \cdots \cup A_k$ の要素 α が右辺でいくつにカウントされているかを数える.そのため添字を並び替えて $\alpha \in A_i \, (i \leq j)$ かつ $\alpha \notin A_i \, (i > j)$ とする.このとき α は右辺で

$$j - \binom{j}{2} + \binom{j}{3} - \cdots + (-1)^j \binom{j}{j} = 1$$

と数えられる. □

演習問題 1.4.14. P_n を $\{1, 2, \cdots, n\}$ の順列の集合とする．$Q_n = \#\{\sigma \in P_n \,|\, \sigma(j) \neq j\}$ とするとき $\lim_{n \to \infty} \dfrac{Q_n}{n!} = \dfrac{1}{e}$ であることを示せ．

補題 1.4.15. 自然数 n の素因数分解が $n = p_1^{e_1} p_2^{e_2} \cdots p_k^{e_k}$ であたえられるとき，

$$\varphi(n) = \sum_{d|n} \mu(d) \frac{n}{d} = n \prod_j \left(1 - \frac{1}{p_j}\right)$$

である．

証明． $\varphi(n)$ の値は n から n と共通因子をもつ n 以下の自然数の個数を引いた数である．そこで，A_j を p_j を因子にもつ n 以下の自然数の集合とすると

$$\#(A_{j_1} \cap A_{j_2} \cap \cdots \cap A_{j_l}) = \frac{n}{p_{j_1} p_{j_2} \cdots p_{j_l}}$$

なので，包除の原理より

$$\begin{aligned}
\varphi(n) &= n - \#(A_1 \cup \cdots \cup A_k) \\
&= n - \sum_i \frac{n}{p_i} + \sum_{i<j} \frac{n}{p_i p_j} - \cdots + (-1)^k \sum_{p_{j_1} < p_{j_2} < \cdots < p_{j_k}} \frac{n}{p_{j_1} p_{j_2} \cdots p_{j_k}} \\
&= \sum_{d|n} \mu(d) \frac{n}{d}
\end{aligned}$$

となる．したがって左側の等式が示された．右側の等式はこれを因数分解すればよい． □

重複円順列の二つの表示を結びつけるメビウス関数とオイラー関数の関係は，この補題の左側の等式である．ディリクレ級数を用いて一斉に書けば，つぎがえられる．

補題 1.4.16.

$$\zeta^{-1}(s) \sum_{n=1}^{\infty} \frac{n}{n^s} = \sum_{n=1}^{\infty} \frac{\varphi(n)}{n^s}.$$

補題 1.4.16 より例 1.3.22 で副産物としてえられたオイラー関数に関する公式 (1.14) のスマートな別証明がえられる.

系 **1.4.17.**
$$\sum_{d|n} \varphi(d) = n.$$

証明．前題 1.4.16 の両辺に $\zeta(s)$ をかけて各項の係数を比較すれば分かる．要するにメビウスの反転公式の系である． □

例 **1.4.18** (重複円順列の総数の二つの表示)．例 1.3.22 および例 1.4.12 で重複円順列の総数を二つの方法で計算した．両者の表示は異なるが，値は一致する．じつはより一般に $\mathbb{N}$ 上で定義された任意の関数 f に対し，
$$\frac{1}{n}\sum_{d|n}\varphi(d)f(n/d) = \sum_{d|n}\frac{1}{d}\sum_{e|d}\mu(e)f(d/e)$$
が成り立ち，重複円順列は $f(n) = N^n$ の場合に相当する．東工大情報科学科 3 年生向け科目「組合せ理論」の 2012 年度中間試験では，芦田亮君がこの一般化された等式に補題 1.4.16 を用いたつぎの簡明な証明をあたえた．

証明．
$$\sum_{n=1}^{\infty}\frac{\varphi(n)}{n^s}\sum_{n=1}^{\infty}\frac{f(n)}{n^s} = \left(\zeta^{-1}(s)\sum_{n=1}^{\infty}\frac{n}{n^s}\right)\sum_{n=1}^{\infty}\frac{f(n)}{n^s}$$
$$= \left(\sum_{n=1}^{\infty}\frac{n}{n^s}\zeta^{-1}(s)\right)\sum_{n=1}^{\infty}\frac{f(n)}{n^s}$$
$$= \sum_{n=1}^{\infty}\frac{n}{n^s}\left(\zeta^{-1}(s)\sum_{n=1}^{\infty}\frac{f(n)}{n^s}\right).$$
この両辺の第 n 項の係数を n で割ればもとめる等式がえられる． □

例 **1.4.19** (階数付き自由リー代数の次元)．リー代数は，括弧積をもちヤコビ恒等式をみたす代数系だが，様々な場面でその有用性が知られている．ここで

は，普遍的な階数付きリー代数の各次元での階数が，メビウスの反転公式で計算できることを紹介する．

$\{x_1, x_2, \cdots, x_N\}$ を不定元の集合とする $\mathbb{R}$ 上の非可換形式的ベキ級数環を A，次数 n の単項式で生成される部分 $\mathbb{R}$ 加群（$\mathbb{R}$ 上のベクトル空間）を $A(N,n)$ で表す．加群としての直和分解

$$A = \bigoplus_n A(N,n)$$

がある．$A(N,n)$ の階数は N 個の対象を重複を許して n 個並べる順列の総数 N^n と一致し，その母関数は

$$\sum_{n=0}^{\infty} N^n x^n$$

である．さて，この非可換な環 A に

$$[a,b] = ab - ba$$

により括弧積とよぶ新しい多重線形 2 項演算を定義し，不定元とその括弧積が生成する部分 $\mathbb{R}$ 加群を $\mathcal{L} \subset A$ で表す．たとえば $x_1, x_2 \in \mathcal{L}$ だが $x_1 x_2 \notin \mathcal{L}$ など，$\mathcal{L}$ は A の積では閉じていないので A の部分代数にはならない．しかし定義により括弧積

$$[\,,\,] : \mathcal{L} \times \mathcal{L} \to \mathcal{L}$$

に関して閉じており，新たな代数がえられる．この代数は，任意の $a, b \in \mathcal{L}$ について歪対称関係式

$$[a,b] = -[b,a] \tag{1.17}$$

および $a, b, c \in \mathcal{L}$ に対してヤコビ恒等式

$$[[a,b],c] + [[b,c],a] + [[c,a],b] = 0 \tag{1.18}$$

をみたす非可換非結合的代数で，階数付きリー代数とよばれる代数系の一例である．じつは $\mathcal{L}$ にあるすべての関係式が歪対称性 (1.17) とヤコビ恒等式 (1.18) からえられ，N 個の次数 1 の元で生成される階数付きリー代数のなかでは最

も普遍的なもので，N 元生成階数付き自由リー代数とよばれている．

N 元生成階数付き自由リー代数 $\mathcal{L}$ の次数 n の要素からなる同次部分 $\mathbb{R}$ 加群を $\mathcal{L}(N,n)$ で表すと，$\mathcal{L}$ は加群として

$$\mathcal{L} = \bigoplus_{n=0}^{\infty} \mathcal{L}(N,n)$$

と直和分解される．たとえば $\mathcal{L}(N,0) = \mathbb{R}$ は基礎体であり，$\mathcal{L}(N,1) = \mathbb{R}\langle x_1, x_2, \cdots, x_N \rangle$ である．そこで $\dim \mathcal{L}(N,n)$ を数えてみよう．

とりあえず状況理解のため，三つの元 x, y, z で生成される場合を調べてみよう．$\mathcal{L}(3,0) = \mathbb{R}, \mathcal{L}(3,1) = \mathbb{R}\langle x, y, z \rangle$ は定義である．

$$\mathcal{L}(3,2) = \mathbb{R}\langle [y,x], [z,x], [z,y] \rangle$$

は歪対称性のみからしたがうことが容易に分かる．さらにヤコビ恒等式を用いると，

$$\mathcal{L}(3,3) = \mathbb{R}\langle [[y,x],x], [[y,x],y] [[y,x],z],$$
$$[[z,x],x], [[z,x]y,], [[z,x],z], [[z,y],y], [[z,y],z] \rangle$$

となり，それぞれの次元は次数にしたがって $1, 3, 3, 8, \cdots$ となっていることが確かめられる．しかしここまでの計算から類推して次元を計算することはどう考えても難しく，新しい発想が必要である．

ホールは，$\mathcal{L}$ の $\mathbb{R}$ 加群としての基底を列挙するアルゴリズムを提起した．その基底がみたす性質はつぎの定理としてまとめられる．

定理 1.4.20. つぎをみたす $\mathcal{L}$ の要素の列 $z_1, z_2, z_3, \cdots$ が存在する．
 1) $\mathcal{H} = \{z_1, z_2, z_3, \cdots\}$ は $\mathcal{L}$ の $\mathbb{R}$ 加群としての基底となる．
 2) $i < j$ であれば $\deg z_i \leq \deg z_j$．
 3) $\mathcal{H}$ のメンバーの順序を保ち指数 $e_1, e_2, \cdots, e_k$ が正の積

$$z_{\nu_1}^{e_1} z_{\nu_2}^{e_2} \cdots z_{\nu_k}^{e_k}, \quad 1 \leq \nu_1 < \nu_2 < \cdots < \nu_k, \quad k \geq 1$$

という形の A の元，および $1 \in \mathbb{R}$ は A の $\mathbb{R}$ 加群としての基底となる．
 4) 任意の次数 2 以上の z_μ は

$$z_\nu = [z_\lambda, z_\mu] \quad 1 \leq \mu < \lambda$$

で表される.

5) $z_\nu = [z_\lambda, z_\mu]$ のとき, $\mu \leq \tau < \lambda$ であることと

$$[[z_\lambda, z_\mu], z_\tau] = [z_\nu, z_\tau]$$

が $\mathcal{H}$ の要素であることは同値.

証明は技術的なため,たとえば組合せ群論の名著[*3)]にあずけ,ここでは定理 1.4.20 を仮定して $\dim \mathcal{L}(N, n)$ を計算しよう.重複組合せの計算と定理 1.4.20 の 3 番目の主張から

$$\prod_{l=1}^{\infty} \frac{1}{(1-t^l)^{\dim \mathcal{L}(N,l)}} = \sum_{n=0}^{\infty} N^n t^n = \frac{1}{1-Nt}$$

である.両辺の log をとり t に関して微分して t をかけると

$$\sum_{l=1}^{\infty} \frac{l \dim \mathcal{L}(N,l) \, t^l}{1-t^l} = \frac{Nt}{1-Nt} = \sum_{n=1}^{\infty} (Nt)^n$$

両辺の第 n 項の係数を比較すると

$$\sum_{d|n} d \dim \mathcal{L}(N,d) = N^n$$

後はメビウスの反転公式から

$$\dim \mathcal{L}(N,n) = \frac{1}{n} \sum_{d|n} \mu(d) N^{n/d}$$

となり計算が完了する.

ホールのアルゴリズムを $N = 2$ の場合で実行してみる.次数 3 までは容易で,

$$z_1 = x, \quad z_2 = y, \quad z_3 = [z_2, z_1], \quad z_4 = [z_3, z_1], \quad z_5 = [z_4, z_2]$$

である.次数 4 になる括弧積の組合せは 4 通りあるが,そのうち $[z_5, z_1] =$

[*3)] W. Magnus, A. Karrass and D. Solitar : Combinatorial Group Theory, Dover, 1976.

$[[z_4, z_2], z_1]$ は除外するので

$$z_6 = [z_4, z_1], \quad z_7 = [z_4, z_2], \quad z_8 = [z_5, z_2]$$

となる．ここまでの要素で A の 4 次以下の単項式がすべて表せることを確かめるのは簡単な演習問題である．

第2章
グ ラ フ

　グラフとは，頂点と辺からなる離散構造で，離散集合の要素間の結びつきを抽象化した概念である．各種のネットワークが発達した今日では，様々な課題がグラフの言葉を用いて表現される．しばしばトポロジー誕生の契機として引き合いに出されるケーニヒスベルグの七つの橋の問題[*1)]は，今日の言葉では対応するグラフが一筆書き可能かどうかを問う問題として定式化される．グラフの理論は，コンピュータサイエンスの発展と歩調を合わせ数学の抽象論として高度に進化している．その解析には，頂点と辺といった結びつきを表す幾何学的なイメージが有用である．本章は，グラフの初等理論をトポロジー的視点に重きを置いて解説する．

すべての橋を重複せずに渡れるか？　　　　　　　　　　　グラフは一筆書き可能か？

図 2.1　ケーニヒスベルグの七つの橋の問題とグラフ

[*1)] http://ja.wikipedia.org/wiki/一筆書き

2.1 グラフの基礎

 グラフとは，頂点と，二つの頂点を結ぶ辺からなる離散構造である．とりあえず頂点を点，辺を 2 頂点を結ぶ線で表現すると，図 2.2 のような図形が頭に浮かぶ．辺を表現する線は，直線であるか曲線であるかは重要ではなく，2 頂点が結ばれることのみに注目すれば，図 2.2 の二つのグラフは何ら差がない．このことを念頭に，まず定義をあたえる．

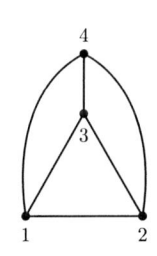

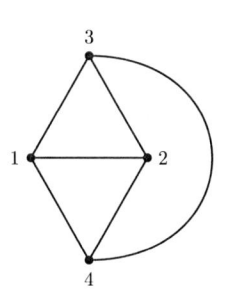

図 2.2 グラフのイメージ

 V を集合とする．グラフの頂点からなる離散集合を想定している．$V \times V$ の成分を入れ替える対応を $\tau : V \times V \to V \times V$ とする．すなわち τ は $x, y \in V$ に対し

$$\tau(x, y) = (y, x)$$

で定義される写像である．τ の作用による商集合 $(V \times V)/\tau$ は，V の重複を許した二つの要素からなる組合せをすべて集めた集合で，τ が固定する対角線集合

$$D = \{(x, x) \, ; \, x \in V\}$$

の要素を多重集合として表示すれば，

$$\{\{x, y\} \, ; \, x, y \in V\}$$

と同一視できる．たとえば V の濃度が有限であれば，第 1 章の重複組合せの計算から $(V \times V)/\tau$ の濃度は $\binom{\#V + 2 - 1}{\#V - 1} = \dfrac{\#V(\#V + 1)}{2}$ である．

定義 2.1.1 (グラフ)．$(V \times V)/\tau$ の各要素に非負の整数を対応させる関数

$$E : (V \times V)/\tau \to \{0\} \cup \mathbb{N} = \{0, 1, 2, 3, \cdots\}$$

を考える．グラフとは，このような V と E の対により頂点間の 2 項関係を明示する系のことで，$\mathcal{G} = (V, E)$ で表す．V を頂点集合とよび，その要素を頂点あるいはノードとよぶ．また，E を多重辺選択関数とよぶことにする．E により 1 以上の数字が対応する $(V \times V)/\tau$ の部分集合の要素を辺あるいはエッジとよぶのが自然である．

少し煩わしいことに言及しておく．2 種類の特殊な辺があり，それらには名前がついている．$e = \{i, i\} \in (V \times V)/\tau$ は，$E(e) \geq 1$ のときループという．もう一つ，$i \neq j$ のとき，$e = \{i, j\} \in (V \times V)/\tau$ は，$E(e) \geq 2$ のとき多重辺という（図 2.3 参照）．

図 2.3　ループと多重辺のイメージ

これらの特殊な辺を含まないグラフは，任意の $e \in (V \times V)/\tau$ に対し $E(e) \leq 1$ で，さらに $e \in D$ に対して $E(e) = 0$ で，E は $(V \times V)/\tau$ の各要素の異なる 2 頂点を辺で結ばないか結ぶかにしたがって $\{0, 1\}$ を対応させる辺選択関数

$$E : (V \times V - D)/\tau \to \{0, 1\}$$

と見なせる．このように特殊な辺を含まないグラフは単純グラフとよばれ，グラフ理論の主役を演じる．単純グラフはじつは単純ではなくグラフの本質的な部

分を網羅でき，単純グラフでないグラフは単純グラフにせいぜいアクセサリーをつけたに過ぎないと見なすのが妥当である．単純グラフで証明できる事実は，多くの場合単純でないグラフに容易に拡張できる．

本書では V の濃度は高々可算の場合しか扱わず，とくに有限の場合が主要な部分を占める．そこで V の要素を整列させて，以降 $V = \{1, 2, \cdots\}$ と見なす．このとき，$E(\{i, j\})$ を ij-成分とする $\#V \times \#V$ の対称行列を，グラフ $\mathcal{G} = (V, E)$ の隣接行列とよぶ．図 2.4 にその一例を挙げる．

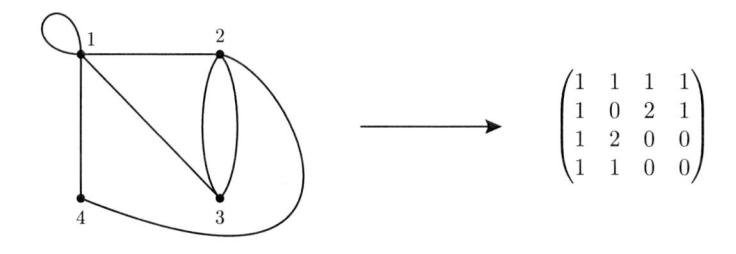

図 2.4 隣接行列

隣接行列はグラフ $\mathcal{G}$ の情報をすべて含み，そこからグラフを再現できる．しかし，V の要素の並べ方を選ぶ自由度があり，$\mathcal{G}$ から隣接行列が一意的に決まる訳ではない．一方，二つのグラフがあり一方の隣接行列が頂点集合の要素を並べ替えると他方の隣接行列と等しくなるグラフは，グラフとしては同じ，すなわち同型と見なすのが素直である．そこでグラフが同型であることの正確な定義にたどり着く．記号を一つ準備する．二つのグラフの頂点集合 V, V' の間の任意の写像

$$\varphi : V \to V'$$

は，$\{i, j\} \in (V \times V)/\tau$ を $\{\varphi(i), \varphi(j)\} \in V' \times V'/\tau$ に対応させることにより，写像

$$\varphi_* : (V \times V)/\tau \to V' \times V'/\tau$$

を誘導する．

定義 2.1.2 (グラフの同型). グラフ $\mathcal{G} = (V, E)$ と $\mathcal{G}' = (V', E')$ は，頂点集合間の全単射 $\varphi : V \to V'$ として，$E = E' \circ \varphi_*$ をみたすものが存在するとき同型であるという．

すなわちグラフが同型であるとは，頂点集合 V, V' の濃度が等しく，その番号をつけかえれば E と E' が同じ写像と見なせるということである．グラフ $\mathcal{G}$ から $\mathcal{G}$ 自身への同型写像はいろいろありうるが，それらは自己同型写像とよばれている．

これまでイメージ図で記した通りグラフを図示すること，すなわち頂点間の隣接関係を表現する位相空間を構成することを，本書ではグラフの可視化とよぶ．グラフの同型類と可視化後の位相同型類をうまく対応させることを考えたい．

グラフはそもそも頂点集合 V と多重辺選択関数 E という離散データの組であるが，V の要素は空間上の互いに異なる点で図示し，E の像が 1 以上の要素は，対応する 2 頂点を結ぶ線分あるいは曲線で表してみる．頂点の位置や辺の結び方はそもそもグラフの定義には情報がないので，表現はもちろん一意的ではなく，トポロジカルな繋がりのみを表す．以下はその例である．

例 2.1.3 (ループ，多重辺). ループは，指定された頂点とそれ自身を結ぶ辺であり，図 2.3 のイメージ図の再掲だが，たとえば図 2.5 の左図のように描くことにより可視化される．多重辺は，二つの頂点を結ぶ辺が複数ある場合で，たとえば図 2.5 の右図のように辺を重複させて描くことにより可視化される．

図 2.5 ループと多重辺

例 2.1.4 (一般のグラフ). たとえば隣接行列が

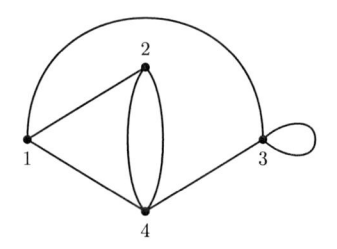

図 2.6　一般のグラフ

$$\begin{pmatrix} 0 & 1 & 1 & 1 \\ 1 & 0 & 0 & 2 \\ 1 & 0 & 1 & 1 \\ 1 & 2 & 1 & 0 \end{pmatrix}$$

であるグラフは，図 2.6 のように可視化すると一目瞭然となる．これが可視化の効用である．この例はまだ大して複雑ではないが，頂点数が大きくなったとき，グラフの可視化は全体像の把握に大きく貢献する．

例 **2.1.5** (単純グラフ)．ループおよび多重辺がない単純グラフの可視化はスリムである．可視化のみならず，単純グラフは隣接行列の対角成分が 0, 他の成分は 0 または 1 という単純な性質で特徴づけられる．

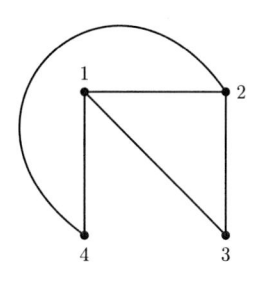

図 2.7　単純グラフ

グラフは単純といえども常に平面上に描ける訳ではない．しかし空間内であればいつでも描くことができる．そこで頂点ではない見かけの辺と辺の交わり

がある図 2.8 の左図のようなグラフに対しては，図 2.8 の右図のように空間内での上下関係を示唆した可視化の描画が考えられる．このグラフがいかにしても平面に描けない理由は 2.4 節で説明する．

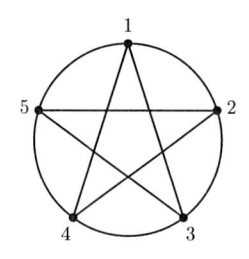

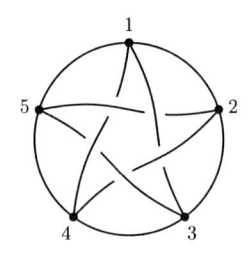

図 2.8 非平面的単純グラフ

　このようなたいへん大雑把な可視化により，とりあえずグラフは空間に描ける 1 次元的図形に対応づけられる．頂点集合と多重辺選択関数という離散データから，頂点と辺からなる位相空間がえられた．これをグラフ $\mathcal{G}$ の可視化とよび，$|\mathcal{G}|$ で表す．

　同型写像を誘導する頂点間の対応 $\varphi: V \to V'$ があたえられた二つのグラフ $\mathcal{G} = (V, E)$, $\mathcal{G}' = (V', E')$ の可視化の間には，φ を拡張する位相同型

$$\bar{\varphi}: |\mathcal{G}| \to |\mathcal{G}'|$$

が存在する．すなわち，$\bar{\varphi}$ は連続全単射で $\bar{\varphi}^{-1}$ も連続である．とくに同じグラフの二つの可視化の間の位相同型がえられるので，グラフ $\mathcal{G}$ の可視化 $|\mathcal{G}|$ のトポロジーは一意的に決まる．逆に，二つのグラフ $\mathcal{G}, \mathcal{G}'$ の可視化の間に V を V' にうつす位相同型 $\bar{\varphi}$ があれば，頂点間の対応

$$\varphi = \bar{\varphi}|_V : V \to V'$$

は $\mathcal{G}$ と $\mathcal{G}'$ の間の同型をあたえる．したがって，グラフの同型類と頂点対応を込めた可視化の位相同型類は一対一に対応する．

　可視化 $|\mathcal{G}|$ を標準的に距離空間として幾何化することも可能である．まず，すべての辺を普通のユークリッド距離をもつ長さ 1 の単位区間 $[0, 1]$ と同一視

し，可視化 $|\mathcal{G}|$ を距離空間と見なす．すなわち，2 点 $x, y \in |\mathcal{G}|$ の間の距離を，x, y を結ぶ連続写像

$$P : [0,1] \to |\mathcal{G}|$$

の長さの下限として定める．下限を実現する連続写像が存在することが示せ，最近の用語を用いると測地的空間になる．この可視化を幾何学的可視化とよぶことにする．ちなみに，異なる頂点間の距離は自然数である．また幾何学的可視化は 3 次元ユークリッド空間内で等長的に実現するのはごく特別な場合を除くと不可能だが，つぎを演習問題として残す．

演習問題 2.1.6. 頂点集合の濃度が有限な任意の単純グラフは，頂点集合の濃度プラス 1 の次元のユークリッド空間で幾何学的可視化を等長的に実現できることを示せ．

ここでグラフを論じる際の標準的術語を定義しておこう．

定義 2.1.7. $\mathcal{G} = (V, E)$ をグラフとする．
1) V が有限集合のとき，$\mathcal{G}$ は有限グラフという．
2) 頂点 $v \in V$ を共有する辺の個数を頂点の指数といい $\deg v$ で表す．ただしループの貢献は 2 と数える．
3) 向きのついた辺の列 $e_1, e_2, \cdots, e_k$ がウォークであるとは，すべての $1 \leq i \leq k-1$ に対し e_i の終点と e_{i+1} の始点が一致するときとす

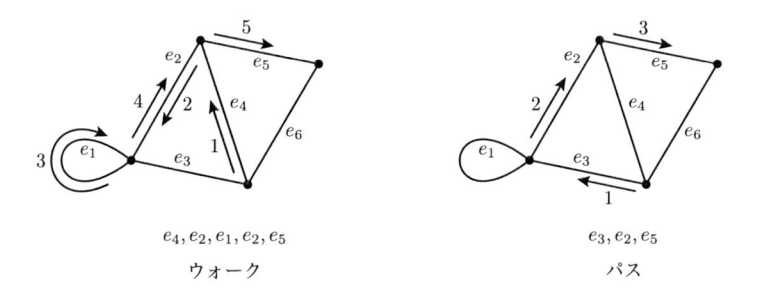

e_4, e_2, e_1, e_2, e_5
ウォーク

e_3, e_2, e_5
パス

図 2.9 ウォークとパス

る.また,経由する頂点および辺に重複がないときパスという.

可視化を使うと,ウォークは,端点が V にある連続写像

$$P : [0,1] \to |\mathcal{G}|,$$

すなわち $P(0), P(1) \in V$ をみたす閉区間からの連続写像として実現できる.ただし辺をつぎつぎと渡っていくという離散的情報がポイントなので,P も単に連続といわず,頂点の逆像は離散集合で,さらにその補空間では単射など,経由する頂点の情報を明快にもった写像として実現するのがよい.この約束の下では,パスは P が写像として単射になる.

定義 2.1.8. $\mathcal{G} = (V, E)$ をグラフとする.V' を V の部分集合とし,多重辺選択関数 $E' : V' \times V'/\tau \to \{0\} \cup \mathbb{N}$ が任意の $\{i, j\} \in V' \times V'/\tau \subset (V \times V)/\tau$ に対して $E'(\{i, j\}) \leq E(\{i, j\})$ をみたすとき,$\mathcal{G}' = (V', E')$ を $\mathcal{G}$ の部分グラフという.グラフの可視化 $|\mathcal{G}|$ の連結成分に対応する部分グラフを $\mathcal{G}$ の連結成分,連結成分が一つのグラフを連結グラフという.

以下,いくつかの標準的な例について説明する.

例 2.1.9 (二分探索).N を自然数とし,N 以下の互いに異なる自然数が小さい順に n 個並んだリスト(配列)があたえられ,その中にある特定の N 以下の自然数 m が入っているかどうかを確認したいとする.このような問題に適用できるアルゴリズムの一つである二分探索の計算手続きは以下の通りである.

算法 2.1.10. 二分探索アルゴリズムの計算手続き:
1) リストの真ん中にある数字を読み m との大小を比較する
2)   i) 等しいときは終了
     ii) 大きいときは今調べた箇所の左側のリストを選び 1) に戻る
     iii) 小さいときは右側のリストを選び 1) に戻る

リストの選択の連鎖の可能性を図式化すると，図 2.10 に記されるグラフがえられる．

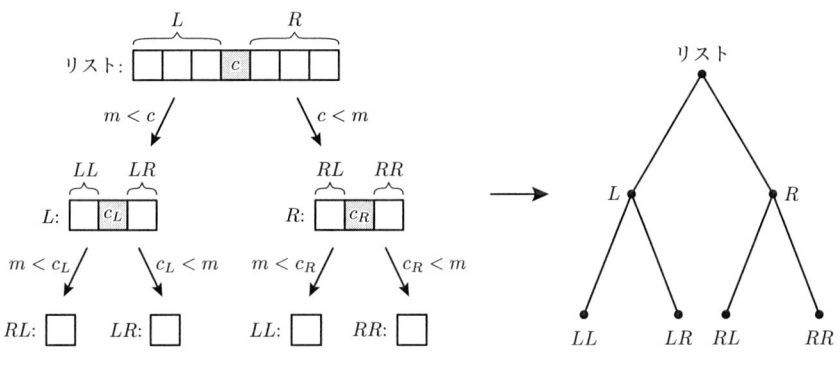

図 2.10 特別な二分木

このアイデアを一般化して二分木を定義しよう．

例 2.1.11 (二分木)． 二分木とは，ルート（根）とよぶ頂点があり，そこから高々二つの辺が出て，ルート以外の各頂点ではルートからたどって降りてくる辺があり，そこで端末（ターミナル）になるか，さらに分岐して出ていく辺が

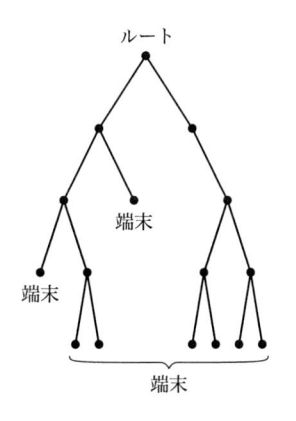

図 2.11 一般の二分木

1 本か 2 本あるグラフである（図 2.11 参照）．

コメント **2.1.12**. 二分木は，高々二者選択手続きの連鎖を表現するグラフである．二者選択が永遠に続く状態を考えると普遍な対象がえられ，任意の二分木はそのような無限木の部分木となる．各ステップでの左右の選択を $\{0,1\}$ に対応させると，n 回の選択後に到着する頂点と n 桁の $0,1$ 列が対応する．したがって頂点集合は長さゼロを含む有限長の $0,1$ 列の集合と自然に同一視できる可算集合である．一方，この二分木の極限は，すべての無限列からなる集合であり $\{0,1\}^{\mathbb{N}}$ と全単射対応がつくので，連続体濃度をもつ．$\{0,1\}^{\mathbb{N}}$ は積位相によりコンパクト集合となり，あらゆる点が集積点であると同時に，任意の点 x を含む連結成分は $\{x\}$ であるというかなり奇妙な空間だが，カントール集合とよばれ，離散集合上の力学系や病的な現象の構成などで大活躍している．

二分木 $\mathcal{G} = (V, E)$ は，図 2.11 に記した可視化により頂点集合の間に上下関係が定義できる．上に位置する頂点を先祖，下に位置する頂点を子孫，一つの辺で結ばれる 2 頂点は親子とよぶと，つぎが分かる．

補題 **2.1.13**. 二分木の任意の 2 頂点を結ぶパスは一意的である．

証明．ある頂点から別の頂点へたどりつくのに，両頂点の共通の先祖のうち一番若手まで上がり，そのまま素直に下がるパスがある．それ以外の寄り道をすると，必ずある頂点で折り返しが生じパスでなくなる． □

この概念を拡張すると木という概念につながる．

定義 **2.1.14** (木). グラフ $\mathcal{G} = (V, E)$ は，その任意の 2 頂点が唯一のパスで結べるとき木という．

例 **2.1.15**. 二分木が木であることは明らかである．それ以外の木もいろいろある．二分木はその成長が止まるか，あるいは高々二つに分かれるという規則にしたがったが，一般の木では，図 2.12 のようにその成長過程における分岐

数がランダムである．ポイントは，成長過程がすでにある頂点には戻らないことである．

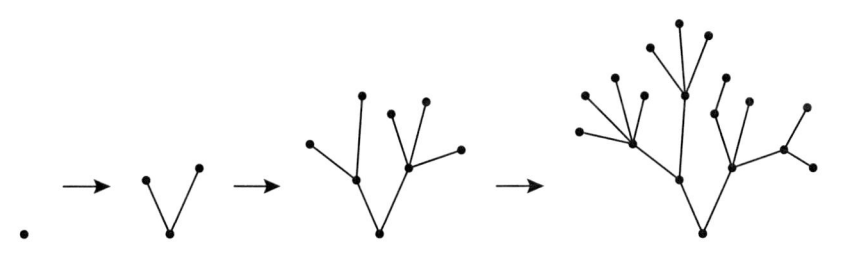

図 2.12 木の成長

グラフ $\mathcal{G} = (V, E)$ が木でないとき，定義により，ある二つの頂点 $v, w \in V$ が異なるパスで結ばれる．頂点 v から目的地 w に到達するまでのパスが複数あるということである．このような状況を端的に表すグラフはサイクルである．

例 **2.1.16** (サイクル)．可視化が円周に位相同型で，その上に n 個の頂点が乗っているグラフをサイクルといい，C_n で表す（図 2.13 参照）．

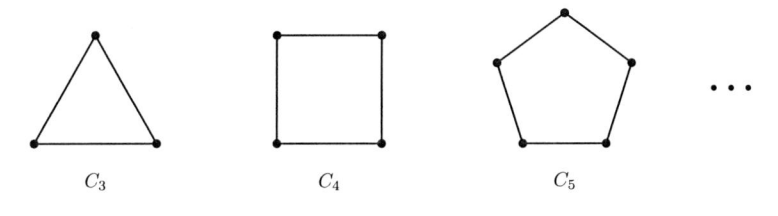

C_3 C_4 C_5

図 2.13 サイクル

サイクルにおける任意の異なる 2 頂点は，それらを結ぶパスを 2 本もつ．

例 **2.1.17** (多重パス)．隣接行列が

$$\begin{pmatrix} 0 & n \\ n & 0 \end{pmatrix}$$

であたえられる 2 頂点とその間の多重辺からなるグラフは $n \geq 2$ のとき単純ではないが，図 2.14 にあるように各辺に頂点を加えて細分することにより可視化のトポロジーを変えずに単純グラフにできる．$n = 2$ のときはサイクルである，また $n \geq 2$ のときは端点以外で交わりのない n 本のパスをあたえる．このようなグラフを多重パスとよび，細分のとり方によらず一括して Θ_n で表すことにする．

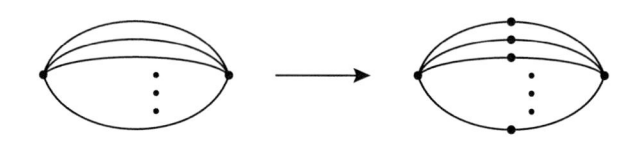

図 2.14 多重辺の細分

頂点数に対して十分豊富なサイクルを含むグラフは，グラフに対するある種の普遍性をもつ．そのような例を二つ挙げる．

例 **2.1.18** (完全グラフ)．頂点集合を V としたとき，V の任意の 2 頂点を結ぶ辺が存在する単純グラフを完全グラフといい，$\#V = n$ のとき K_n で表す．完全グラフは V の濃度により同型類が一意的に決まり，K_n はその同型類を代表する記号である（図 2.15 参照）．

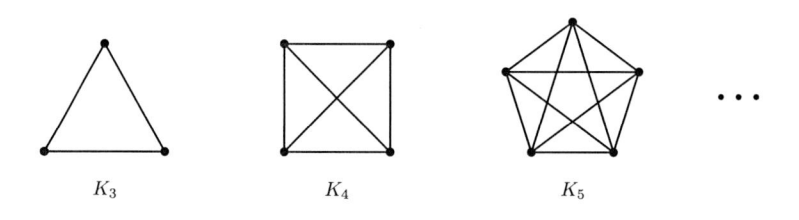

K_3 K_4 K_5

図 2.15 完全グラフ

容易に分かることだが，頂点数が n の任意の有限単純グラフは K_n の部分グラフとして実現できる．

例 **2.1.19** (完全 2 部グラフ).　頂点集合 V が交わりのない和 $V = V_1 \sqcup V_2$ に分かれ，任意の V_1 の要素と V_2 の要素を結ぶ辺があり，それ以外の辺はない単純グラフを完全 2 部グラフといい，$\#V_1 = n$, $\#V_2 = m$ のとき $K_{n,m}$ で表す．完全 2 部グラフは V_1, V_2 の濃度により同型類が一意的に決まり，$K_{n,m}$ はその同型類を代表する記号である（図 2.16 参照）．

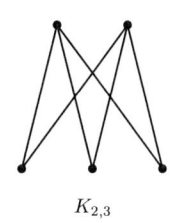

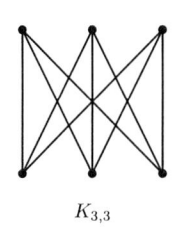

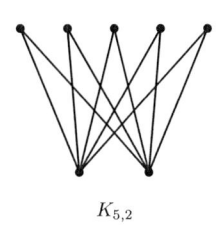

$K_{2,3}$　　　　　　$K_{3,3}$　　　　　　$K_{5,2}$

図 **2.16**　完全 2 部グラフ

容易に分かることだが，二分される頂点集合の頂点数が $\#V_1 = n$, $\#V_2 = m$ の任意の 2 部グラフは $K_{n,m}$ の部分グラフとして実現できる．

これまでの例はグラフを論じる際には基本的で，グラフという離散構造に基づけば極めて自然に生じる対象である．一方，群をスタートにすると，ある意味で自然に，しかも対称性の高いグラフを産み出すことができる．そのことを解説し，グラフの多様性に触れたい．

定義 **2.1.20** (ケーリーグラフ).　群 G と，その部分集合 S を指定する．この二つの集合からグラフを構成する．頂点集合 V は G 自身とする．さらに $x, y \in V = G$ に対し，G の要素として $xg = y$ をみたす $g \in S$ が存在するとき，x と y を辺で結ぶと約束する．こうしてえられるグラフを (G, S) のケーリーグラフとよび，$\Gamma(G, S)$ で表す．

$S = \emptyset$ とすると，$\Gamma(G, S)$ の可視化は濃度が $\#G$ の離散集合である．また $S = G$ とすると，$\Gamma(G, S)$ は頂点数が $\#G$ の完全グラフである．この二つはケーリーグラフの極端な例であるが，いかにも役に立たない．ケーリーグラフ

で群 G の構造を見るには S を適当に限定するのがよい．そのため群の表示についての一般論を少し説明する．

G の任意の元が $S \cup S^{-1}$ の元の積として表せるとき，S は生成元集合であるという．すなわち，$S = \{g_\lambda ; \lambda \in \Lambda\}$ が G の生成元集合であるとは，任意の $g \in G$ が Λ の重複を許した有限個の要素 $\lambda_1, \lambda_2, \cdots, \lambda_k \in \Lambda$ により

$$g = g_{\lambda_1}^{\varepsilon_1} g_{\lambda_2}^{\varepsilon_2} \cdots g_{\lambda_k}^{\varepsilon_k} \qquad (\varepsilon_j = \pm 1, j = 1, 2, \cdots, k)$$

と表せるときである．S が生成元集合のとき，そのケーリーグラフの可視化は，位相空間として連結になる．興味あるのは，そのような S として有限集合を選ぶことが可能な場合である．たとえば有理数集合上の加法群 $\mathbb{Q}$ などのように一般には不可能だが，可能な場合は豊富にあり，そのような群は有限生成群とよばれている．一方，n 個の要素で生成される有限生成群に対する普遍的性質をもつ群として，n 個の元 $\{a_1, a_2, \cdots, a_n\}$ で生成される自由群 F_n がある．定義は他書，たとえば拙著 *2) を参照いただくとして，ここでは普遍性を正確に記す．

補題 2.1.21. G を n 個の元 $\{g_1, g_2, \cdots, g_n\}$ で生成される群とする．このとき F_n の標準的生成元 $\{a_1, a_2, \cdots, a_n\}$ に対し a_j に g_j を対応させる写像は，全射準同型

$$\psi : F_n \to G$$

に拡張する．

群 G に対し，$\mathrm{Ker}\,\psi$ が F_n の有限生成部分群 H の正規閉包，すなわち H を含む最小の正規部分群，となるような全射準同型 $\psi : F_n \to G$ が存在するとき，G は有限表示可能という．$\mathrm{Ker}\,\psi$ を正規閉包にもつ有限生成部分群 H の有限生成元集合を $\{b_1, b_2, \cdots, b_m\}$ とすると，各 b_j は F_n の元なので $a_1, a_2, \cdots, a_n$ の語（ワード）で表せる．そこで，b_j の語表示のアルファベットを $g_1, g_2, \cdots, g_n$ に置き換える．こうしてえられる $g_1, g_2, \cdots, g_n$ の語を r_j

---

*2) 小島定吉：『トポロジー入門』共立出版，1998 年．

とし，それらを並べて，

$$\langle g_1, g_2, \cdots, g_n \mid r_1, r_2, \cdots, r_m \rangle$$

を G の表示という．各 r_j は G では単位元を表す $g_1, g_2, \cdots, g_n$ の語であり，関係式とよばれている．

有限表示可能な群の表示は一意的ではないが，有限群の場合は，適切に生成元を選ぶとその対称性がうまく対応する．簡単な例から始めよう．

例 2.1.22 (有限巡回群)． 群 G を巡回群 $G = \mathbb{Z}/n\mathbb{Z}$, $n \geq 3$ とし，生成元として 1 で代表される α を選ぶ．このとき

$$\mathbb{Z}/n\mathbb{Z} = \langle \alpha \mid \alpha^n \rangle$$

と表示される．したがってケーリーグラフ $\Gamma(\mathbb{Z}/n\mathbb{Z}, \{\alpha\})$ は，図 2.17 のように n 個の頂点をもつサイクルになる．$n = 2$ の場合は唯一の辺からなるグラフと解釈することが多い．

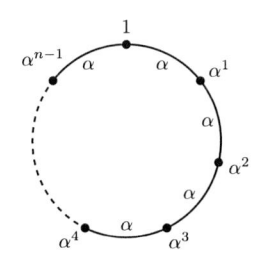

図 2.17 巡回群のケーリーグラフ

例 2.1.23 (フラーレン)． 炭素原子 60 個で構成されるサッカーボール状の物質であるフラーレン[*3)]に関係する

$$I = \langle \alpha, \beta \mid \alpha^2, \beta^5, (\beta\alpha)^3 \rangle$$

で表示される群を考える．この群は正 12 面体の向きを保つ合同変換からなる

[*3)] http://ja.wikipedia.org/wiki/フラーレン

群と同型で，正 12 面体群とよばれる位数が 60 の有限群である．より幾何学的な説明のため，図 2.18 に描いた，3 次元のユークリッド空間内の単位球

$$\mathbb{S}^2 = \{(x,y,z) \in \mathbb{R}^3\,;\, x^2 + y^2 + z^2 = 1\}$$

上の，角度が $\pi/2, \pi/3, \pi/5$ の球面 3 角形 Δ を考える．

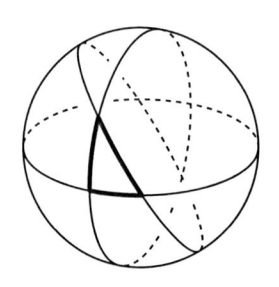

図 2.18 球面 3 角形

Δ の頂点を角度が大きい順に A, B, C とすると，単位球の A を通る軸に関する π 回転が α，単位球の C を通る軸に関する $2\pi/5$ 回転が β である．このとき $\beta\alpha$ は B を通る軸に関する $2\pi/3$ 回転になることが確かめられる．

この群の表示に関するケーリーグラフ $\Gamma(I, \{\alpha, \beta\})$ を描くため用意すべきものは，α と β というラベルをつけた辺である．各頂点には α で関係がつく頂点に向かう辺，β および β^{-1} で関係がつく頂点への二つの辺，合計 3 本の辺が集まる．一方，β を 5 回たどるともとに戻り，長さ 5 のサイクルを，また $\beta\alpha$ を 3 回たどるともとに戻り，長さ 6 のサイクルを作る．このルールのみでグラフを描くと，図 2.19 がえられる．

例 **2.1.24** (無限群の例)．階数 2 の自由アーベル群は，標準的な生成元を α, β とすると

$$\mathbb{Z}^2 = \langle \alpha,\, \beta \mid \alpha\beta\alpha^{-1}\beta^{-1}\rangle$$

と表示できる．この生成元に関するケーリーグラフは図 2.20 に描いた正方形による格子となる．

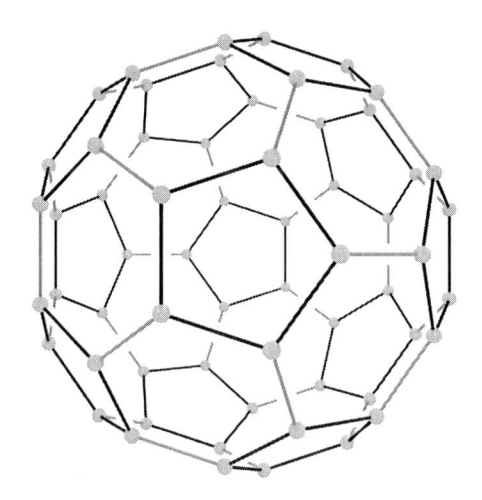

図 2.19　フラーレン

図 2.20　階数 2 の自由アーベル群

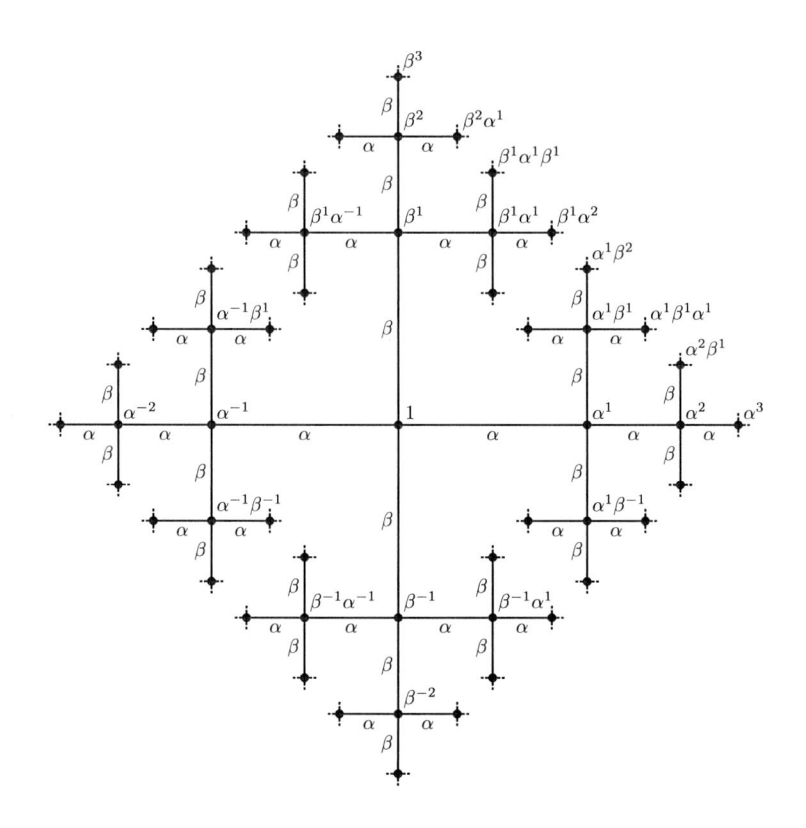

図 2.21　2 元生成自由群

定義は他書にあずけたが，2 元生成の自由群は関係式がまったくなく

$$F_2 = \langle \alpha, \beta \mid \ \rangle$$

と表示できる．この生成元に関するケーリーグラフは図 2.21 に描いた各頂点の指数が 4 の無限木となる．

2.2　オイラー標数と連結度

有限グラフ $\mathcal{G} = (V, E)$ のオイラー標数とは，

$$\chi(\mathcal{G}) = \#V - \#E$$

により定義される量である．オイラー標数は，グラフの交わりのない和に対しては和になる，代数的に扱いやすい量である．またその振る舞いの基本は，連結グラフのそれにしたがう．まずしばらく，この極めて単純な量が結構奥深いことを解説する．

補題 2.2.1. 有限グラフ $\mathcal{G} = (V, E)$ が木であれば，$\chi(\mathcal{G}) = 1$ である．

証明． 頂点数が有限の木 $\mathcal{G}$ には必ず端末（指数 1 の頂点）がある．この頂点を含む辺を $\mathcal{G}$ から取り除くと，頂点と辺がそれぞれ一つ減るグラフがえられ，それはまた木である．端末とそれを含む辺を取り除く操作を続けると，図 2.22 にあるように，オイラー標数を変えずに，ただ一つの頂点からなるグラフにたどり着く．そのようなグラフのオイラー標数は 1 である． □

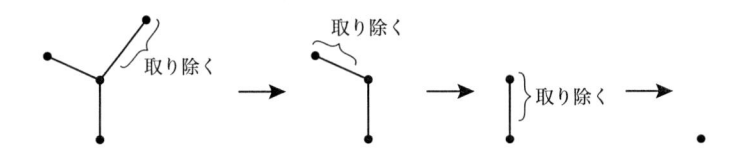

図 2.22 木のオイラー標数は 1

補題 2.2.2. 有限グラフ $\mathcal{G}$ が連結であれば $\chi(\mathcal{G}) \leq 1$．

証明． 二つ以上の辺を含む連結有限グラフ $\mathcal{G}$ から一つ辺を除くと，オイラー標数はその辺が端点を含むか否かで 0 または 1 増える．$\mathcal{G}$ から残りが連結になるように順次辺を除けばいつかは木となることは明らかなので，補題 2.2.1 よりオイラー標数は 1 以下である． □

補題 2.2.3. 連結有限グラフ $\mathcal{G}$ は，$\chi(\mathcal{G}) = 1$ のとき木である．

証明. 背理法で示すため，結論を否定して $\mathcal{G}$ が木でないとする．端末をもつ辺を順次取り除くと，オイラー標数を変えずに指数が 1 の頂点をもたない非自明な連結グラフ $\mathcal{G}' = (V', E')$ がえられる．このとき各頂点に 2 本以上の辺が集まるので

$$2\#E' = \sum_{v \in V'} \deg v \geq 2\#V'$$

が成り立つ．したがって $\chi(\mathcal{G}') = \#V' - \#E' \leq 0$ となり，とくに $\chi(\mathcal{G}) = \chi(\mathcal{G}') \neq 1$. □

これらの三つの補題は，$\mathcal{G}$ を連結グラフとすると $\chi(\mathcal{G}) \leq 1$ で，等号が成り立つことと $\mathcal{G}$ が木であることは同値とまとめることができる．これを連結とは限らないグラフに拡張すると，

補題 2.2.4. $\mathcal{G}$ を連結成分数が n のグラフとすると，$\chi(\mathcal{G}) \leq n$ である．さら，等号が成り立つことと，$\mathcal{G}$ が複数の木の交わりのない和（森とよばれている）であることは同値．

証明. オイラー標数が交わりのない和に対して加法的であることからすぐ分かる． □

定義 2.2.5 (全域木)**.** 連結グラフ $\mathcal{G} = (V, E)$ の部分グラフ $\mathcal{G}' = (V', E')$ で，木でありかつ $V = V'$ をみたすものを，$\mathcal{G}$ の全域木という．

定理 2.2.6. 連結有限単純グラフ $\mathcal{G}$ に対し，全域木は存在する．

証明. $\chi(\mathcal{G}) = 1$ のとき $\mathcal{G}$ は木なので，$\mathcal{G}$ 自身が全域木である．$\chi(\mathcal{G}) < 1$ のとき，$\mathcal{G}$ は木ではないので，辺 e として，その両端点を結び e を通らないパスをもつものが存在する．このとき $\mathcal{G}$ から e を除いてえられるグラフ $\mathcal{G}'$ は依然として連結で，さらに $\chi(\mathcal{G}') = \chi(\mathcal{G}) + 1$．後は帰納法による． □

定義 2.2.7. 連結グラフ $\mathcal{G}$ から何本かの辺を除くと木がえられる．そのため

に必要なとり除く辺の本数の最小値を $\mathcal{G}$ のサイクル数とよび，$b(\mathcal{G})$ で表す．

定理 2.2.8. 連結グラフ $\mathcal{G}$ に対し，
$$b(\mathcal{G}) = 1 - \chi(\mathcal{G})$$
が成り立つ．

証明． 最小数の辺を除いて木をえるとき，除く各辺は端末を含まない．したがって $b(\mathcal{G})$ を実現する各ステップでは，オイラー標数は 1 増え，ゆえにオイラー標数を 1 にするためには
$$b(\mathcal{G}) + \chi(\mathcal{G}) = 1$$
をみたすことが必要十分である． □

例 2.2.9. サイクル数は位相空間のホモロジー論における $|\mathcal{G}|$ の 1 次元ベッティ数である．もう少し詳しく説明してみよう．

チェイン複体（鎖複体）とは，一列に並んだチェイン群（鎖群）とよぶ次数付きベクトル空間と，境界作用素とよぶその間の線形写像からなる代数系 C で，列の端以外に現れる q 次ベクトル空間 C_q は
$$\cdots \xrightarrow{\partial_q} C_q \xrightarrow{\partial_{q-1}} \cdots$$
のように C_q を定義域とする線形写像 ∂_{q-1} と C_q を値域とする線形写像 ∂_q で挟まれ，
$$\operatorname{Im} \partial_q \subset \operatorname{Ker} \partial_{q-1}$$
が成り立つものと定義される．複体 C の q 次ホモロジー群は，商ベクトル空間
$$H_q(C) = \operatorname{Ker} \partial_{q-1} / \operatorname{Im} \partial_q$$
として定義される．

位相空間に対してチェイン複体を構成する方法がいくつかある．グラフのように，点，辺，さらに 3 角形，4 面体，$\cdots$ と続く単体とよぶ単純な図形で分

割される空間に対しては，単体的ホモロジー論がある．そのホモロジー群は空間のトポロジーのみに依存し，単体による分割の仕方には依存しない．グラフ $\mathcal{G}$ の場合，可視化 $|\mathcal{G}|$ のトポロジーのみで決まる．

単体的ホモロジー論をグラフの場合に展開してみる．連結とは限らないグラフ $\mathcal{G} = (V, E)$ に対し，$C_0(\mathcal{G})$ を頂点集合 V で生成される体 $\mathbb{F}$ 上のベクトル空間とする．また $C_1(\mathcal{G})$ を，E の各要素 $\{v_i, v_j\}$ に任意に向きをあたえて $\langle v_i, v_j \rangle$ で表し，向き付けられた辺で生成される $\mathbb{F}$ 上のベクトル空間とする．境界作用素 $\partial : C_1(\mathcal{G}) \to C_0(\mathcal{G})$ は，生成元に対し

$$\partial \langle v_i, v_j \rangle = \langle v_i \rangle - \langle v_j \rangle$$

で定義し，線形に拡張する．これにより，

$$0 \longrightarrow C_1(\mathcal{G}) \xrightarrow{\partial} G_0(\mathcal{G}) \longrightarrow 0 \tag{2.1}$$

という，最初と最後の 0 を含め一列に並んだ四つのベクトル空間とその間の線形写像からなるチェイン複体がえられる．

チェイン複体 (2.1) のホモロジー群，すなわち $H_1(\mathcal{G}) = \operatorname{Ker} \partial$ および $H_0(\mathcal{G}) = C_0(\mathcal{G})/\operatorname{Im} \partial$ は，$\mathcal{G}$ が連結であるとすると $\dim H_0(\mathcal{G}) = 1$ であり，オイラー標数に関して

$$\begin{aligned} \chi(\mathcal{G}) &= \#V - \#E \\ &= (\dim H_0(\mathcal{G}) + \dim \operatorname{Im} \partial) - (\dim H_1(\mathcal{G}) + \dim \operatorname{Im} \partial) \\ &= 1 - \dim H_1(\mathcal{G}) \end{aligned}$$

という表示がえられる．したがって $b(\mathcal{G}) = 1 - \chi(\mathcal{G}) = \dim H_1(\mathcal{G})$．$\mathcal{G}$ が n 個の連結成分をもつとすると $\dim H_0(\mathcal{G}) = n$ であり，同様の計算で

$$\chi(\mathcal{G}) = n - \dim H_1(\mathcal{G})$$

がえられる．この表示によれば，連結とは限らないグラフに対するサイクル数は $\dim H_1(\mathcal{G})$ で定義するのが自然である．

ホモロジー群がホモトピー不変であることも言及しておく．二つの位相空間 X, Y の間の連続写像 $f, g : X \to Y$ について，連続写像

$$F : X \times [0, 1] \to Y$$

として，任意の $x \in X$ に対し

$$F(x, 0) = f(x), \qquad F(x, 1) = g(x)$$

をみたすものが存在するとき，f と g はホモトピックであるといい，$f \simeq g$ で表す．F は f と g を結ぶホモトピーとよばれている．さらに位相空間 X, Y に対し，二つの連続写像 $f : X \to Y, h : Y \to X$ として $h \circ f \simeq id_X, f \circ h \simeq id_Y$ をみたすものが存在するとき，X と Y はホモトピー同値であるといい，f, h をホモトピー同値写像という．

X と Y が位相同型であれば，その対応をあたえる位相同型写像 $f : X \to Y$ およびその逆写像 f^{-1} はホモトピー同値写像であり，とくに，ホモトピー同値という関係は位相同型よりも真に弱い同値関係である．その差を示す例を演習問題として一つ挙げる．

演習問題 2.2.10. Θ_n と，Θ_n の一つの辺を縮約してできる $n-1$ 多重ループの可視化（図 2.23 参照）はホモトピー同値であることを示せ．

ホモトピー同値写像はホモロジー群の間の同型写像を誘導し，したがってホモロジー群はホモトピー不変である．とくに，グラフ $\mathcal{G}$ のオイラー標数 $\chi(\mathcal{G})$

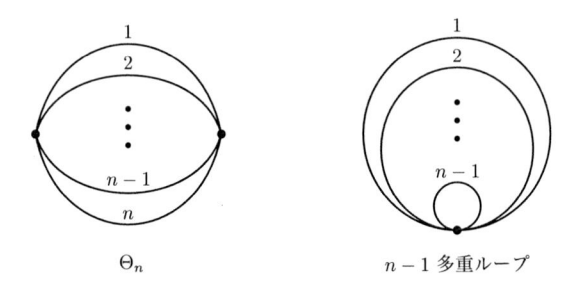

図 2.23　Θ_n と $n-1$ 多重ループ

は可視化 $|\mathcal{G}|$ のホモトピー不変量であり，オイラー標数が計るグラフの連結度はたいへん大雑把である．たとえば，

例 2.2.11. $\chi(\Theta_n) = 2 - n$ であり，したがって $b(\Theta_n) = n - 1$ である．一方，Θ_n と $n-1$ 多重ループは両者の可視化がホモトピー同値なので，$n-1$ 多重ループも同じオイラー標数およびサイクル数をもつ．

ホモトピー不変量は頂点の役割を軽視する．しかしグラフを論じる際は，頂点の役割を考慮したより繊細な連結度が重要かつ有用である．いろいろな連結度が議論されているが，ここでは頂点を使った尺度をその代表例として取り上げる．

定義 2.2.12 (差グラフ)．$\mathcal{G} = (V, E)$ を連結とは限らない有限単純グラフとする．頂点集合の部分集合 $U \subset V$ と，少なくとも一方の端点が U の要素となる辺の集合 $U_* \subset (V \times V)/\tau$ に対し，新たな辺選択関数 $E^U : (V \times V - \Delta)/\tau \to \{0, 1\}$ を

$$E^U(e) = \begin{cases} E(e) & e \notin U_* \\ 0 & e \in U_* \end{cases}$$

で定義すると，$(V - U, E^U)$ は単純グラフになる．このグラフを $\mathcal{G} - U$ で表し，$\mathcal{G}$ から U を除いた差グラフとよぶ．

U_* という辺集合を導入したため記号が少し混乱しているかもしれないので今一度確認するが，$\mathcal{G} - U$ は頂点 U だけを取り除くのではなく，U の要素を頂点にもつ辺もすべて取り除いている（図 2.24 参照）．

差グラフを使って二つの有用な概念を定義する．

定義 2.2.13 (切断)．連結単純グラフ $\mathcal{G} = (V, E)$ の頂点集合の部分集合 $S \subset V$ は，$\mathcal{G} - S$ が非連結，または 1 頂点からなる自明なグラフとなるとき，(頂点) 切断という．

2.2 オイラー標数と連結度　　　　　　　　　　　85

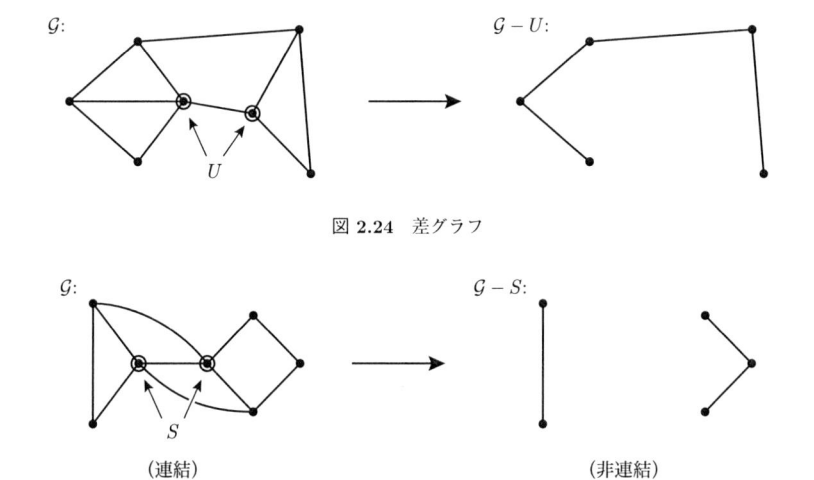

図 2.24　差グラフ

図 2.25　切断

図 2.25 は $\mathcal{G}$ を切断するのに必要な取り除く頂点の個数の最少数が 2 の例である．この 2 という数字をグラフの連結性を捉える量として，

定義 2.2.14 (連結度)．　連結単純グラフ $\mathcal{G}$ の切断 S の濃度 $\#S$ の最小値を $\mathcal{G}$ の（頂点）連結度といい $\kappa(\mathcal{G})$ で表す．

ここで「頂点」という形容を括弧付きで記したが，切断も連結度にも辺を主役にした定義が可能であり，しかも有用である．しかし本書ではそれらには深入りせず，切断とか連結度はもっぱら頂点にかかわるものに限り，以降頂点という形容詞は記さない．

例 2.2.15.　連結度が 0 とは，グラフが連結でないこと，または 1 頂点のみからなる自明なグラフであることを意味する．連結度が 1 とは，ある頂点を除くとグラフが自明になるか二つに分かれることを意味し，2 頂点完全グラフ K_2 か，たとえば頂点数が 3 以上の木が該当する．連結度が 2 とは，いかなる頂点を除いても非連結にはならないが，ある二つの頂点を除くと自明になるか二つに分かれることを意味し，3 頂点完全グラフ K_3 か，頂点数が 4 以上のグラフ

の特別な場合になる（図 2.26 参照）．たとえば 4 頂点をもつサイクル C_4 はそのような例である．このように，連結度は完全グラフの場合が例外的である．

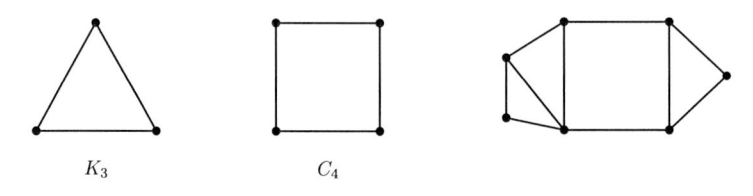

図 2.26 連結度 2 のグラフ

連結度に慣れるための演習問題を挙げておく．

演習問題 **2.2.16.** つぎに答えよ．
1) 完全 2 部グラフ $K_{n,m}$ の連結度をもとめよ．
2) $\kappa(\mathcal{G}) = \#V - 1$ をみたすことと，$\mathcal{G}$ が完全グラフであることは同値となることを示せ．
3) Θ_n が単純グラフとして細分されているとき，$\kappa(\Theta_n) = 2$ を示せ．

連結度に関して，ホモトピーよりは細かい情報を提供するつぎの定理が知られている．

定理 **2.2.17** (メンガーの定理)．連結な単純グラフ $\mathcal{G} = (V, E)$ の任意の隣接しない 2 頂点 $v, w \in V$ を選ぶ．v, w を結ぶ端点以外に互いに共有点をもたないパスの本数の最大値 l は，$\mathcal{G}$ の切断 W で v, w が切断後異なる成分に含まれるようなものの濃度 $\#W$ の最小値 k と一致する（図 2.27 参照）．

$\mathcal{G}$ の切断 W で v, w が切断後異なる成分に含まれるとき，W は v, w を分離するということにする．メンガーの定理により一致する v, w を結ぶパスの最大数と v, w を分離する切断の濃度の最小数は，頂点 v, w の選択に依存する局所的量だが，$\mathcal{G}$ の大域的な不変量である連結度やサイクル数と関係しており，

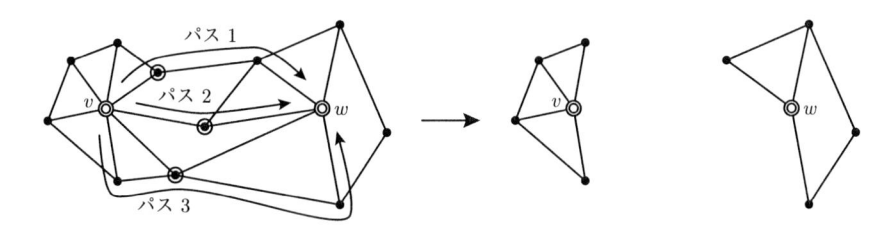

図 2.27 メンガーの定理

実際 $\kappa(\mathcal{G})$ 以上,また $b(\mathcal{G})+1$ 以上である.

メンガーの定理を証明する前に,三つの有用な系を記しておく.

系 2.2.18. 任意の連結単純グラフ $\mathcal{G}$ に対して,多重パス $\Theta_{\kappa(\mathcal{G})}$ の可視化から $|\mathcal{G}|$ への埋め込み(一対一の連続写像)が存在する.

証明. 完全グラフの場合は容易に確かめられる.以降 $\mathcal{G}$ は完全グラフではないとし,連結度 $\kappa(\mathcal{G})$ を実現する切断を S とする.すなわち $\#S = \kappa(\mathcal{G})$ である.$\mathcal{G} - S$ は非連結なので,二つの互いに異なる連結成分各々から頂点 v, w を選ぶ.このとき v, w を分離するのに必要な $\mathcal{G}$ の切断の濃度は $\kappa(G)$ 以上であるが,実際 S が等号を実現しており,したがって定理 2.2.17(メンガーの定理)における最小値 k は $\kappa(\mathcal{G})$ に等しい.この状況に定理 2.2.17 を適用すれば,v と w を結ぶ端点以外に互いに共有点をもたない k 本のパスがえられる.これらの和が $\Theta_{\kappa(\mathcal{G})}$ の可視化からの像になる. □

系 2.2.19. $\mathcal{G}$ を連結単純グラフとすると,$\kappa(\mathcal{G}) \leq b(\mathcal{G}) + 1$.

証明. $\mathcal{G}$ は $\Theta_{\kappa(\mathcal{G})}$ に連結であることを保ちながらいくつか辺を加えることによってえられる.辺を加えることによるオイラー標数への貢献は,すでにできているグラフと共有する頂点の個数が 1 か 2 にしたがって 0 か -1.したがってそのサイクル数は各ステップで非減少なので

$$b(\Theta_{\kappa(\mathcal{G})}) \leq b(\mathcal{G})$$

である．この両辺に 1 を加えれば，左辺は $\kappa(\mathcal{G})$ に等しいので，

$$\kappa(\mathcal{G}) = b(\Theta_{\kappa(\mathcal{G})}) + 1 \leq b(\mathcal{G}) + 1$$

がえられる． □

コメント 2.2.20. 演習問題 2.2.16 の 3) と $b(\Theta_n) = n-1$ より，$b(\mathcal{G}) - \kappa(\mathcal{G})$ はいくらでも大きくなりうる．

サイクル数はグラフのホモトピー的複雑さを表すが，連結度はより細かく，グラフのネットワークとしての強度を数値化している．すなわち，連結度が高いグラフは，少々頂点を除いても依然として連結であり，連結度以下のノードが破損しても，残りのノード間の通信可能性が保たれることを意味する．

つぎの系を記すため，記号を一つ用意する．$\mathcal{G} = (V, E)$ をグラフとし，頂点集合の部分集合 $U \subset V$ に対し，U に隣接する頂点の集合 $N(U)$ を，

$$N(U) = \{v \in V \,;\, \{u, v\} \in E, u \in U, v \notin U\} \tag{2.2}$$

と定義する．

系 2.2.21 (結婚定理)．$\mathcal{G} = (V, E)$ を，頂点集合の互いに交わりのない和 $V = V_1 \sqcup V_2$ による 2 部グラフとする．このとき，互いに交わらない $\#V_1$ 個の辺が存在することと，V_1 の任意の部分集合 $U \subset V_1$ について，その隣接する頂点の集合 $N(U) \subset V_2$ が $\#N(U) \geq \#U$ をみたすことは同値（図 2.28 参照）．

図 2.28 結婚定理

コメント 2.2.22. 結婚定理のセッティングは，集団お見合いでのバトルをモデルにすると分かりやすい．V_1 を女性参加者の集合，V_2 を男性参加者の集合とし，$\#V_1 \leq \#V_2$ で，さらに互いに好意をもったときに辺で結ぶとする．もちろん複数の人に好意をもつはずである．このとき結婚定理は，女性参加者同士が互いに相談すれば，各々好みの相手から他の女性とバッテイングしないように相手を見つけられるための必要十分条件を記してる．定理の現実的効用は，女性全員がハッピーになる可能性があるか，あるいは必ずアンハッピーな人が出るかが，相談前に計算で分かるという点にある．数学の理屈は，歓迎されるか否かは別にしてこんなことにも役に立つ．

証明． $\#V_1$ 個の互いに交わらない辺の存在のために命題の後半の主張が必要であることは明らかなので，十分性のみを示す．

まず，二つの新しい頂点 v_0, v_∞ を導入し，v_0 は V_1 のすべての頂点と結び，v_∞ は V_2 のすべての頂点と結ぶ．こうしてえられる新しいグラフを $\mathcal{G}'$ と置く．十分性の証明には，命題後半を仮定し，v_0 から v_∞ への $\#V_1$ 本の独立なパスが存在することを示せばよい．

そこでこの結論を否定し，そのようなパスの最大本数は $\#V_1$ 本未満であるとする．このとき定理 2.2.17（メンガーの定理）により，v_0 と v_∞ を結ぶ端点以外に交わりのないパスの本数の最大値と同じ濃度の部分集合 $W \subset V$ で，W は v_0 と v_∞ を分離し，$W_1 = W \cap V_1$ および $W_2 = W \cap V_2$ とおけば，

$$\#W_1 + \#W_2 < \#V_1 \tag{2.3}$$

をみたすものが存在する．一方，$\mathcal{G}$ においては $N(V_1 - W_1) \subset W_2$ であり，とくに $\#N(V_1 - W_1) \leq \#W_2$．他方 (2.3) より $\#W_2 < \#V_1 - \#W_1 = \#(V_1 - W_1)$．したがって $\#N(V_1 - W_1) < \#(V_1 - W_1)$ であり，これは議論の前提と矛盾する．

以上で必要十分性が証明できた． □

メンガーの定理の証明． $S \subset V$ を，v, w を分離しかつ $\#S = k$ である切断とする．このとき v から w へのパスは必ず S の頂点のいずれかを経由しなけ

ればならないので，$l \leq k$ である．

等号を示すため記号を一つ用意する．一般に，単純グラフ $\mathcal{G} = (V, E)$ の隣接しない頂点 $v, w \in V$ を分離するのに必要な頂点の個数の最小値を

$$\kappa(v, w; \mathcal{G})$$

で表す．このとき，$\kappa(v, w; \mathcal{G}) = k$ ならば v と w を結ぶ k 本の端点以外では互いに交わらないパスが存在することを示せばよい．以下この命題を，k を固定し V の濃度に関する帰納法で示す．

$\mathcal{G}$ は k 個の要素からなる切断 S をもち，さらに S に含まれない v, w を含むので，V の濃度の最小数は $k + 2$ である．そこで $\#V = k + 2$ とする．このとき S は $\kappa(v, w; \mathcal{G}) = k$ を実現する切断なので，S の各頂点は v および w と辺で結ばれている．これらの辺を合わせると k 多重辺の各辺に 1 頂点を加えて細分した Θ_k となり，v から w への端点以外に互いに共有点をもたない k 個のパスがえられる（図 2.29 参照）．これで帰納法の第一段は確かめられた．

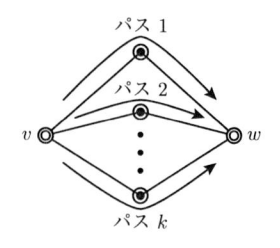

図 2.29 帰納法の第一段

以降，$\#V > k + 2$ とする．切断 S により頂点集合は一意的ではないが，v を含む V_1 と w を含む V_2 に

$$V = V_1 \cup V_2, \qquad V_1 \cap V_2 = S$$

をみたすように分けられる．ここで帰納法を二つの場合に分ける．最初の場合は，V_1, V_2 双方の濃度が $k + 2$ 以上となるような切断 S が存在するとき．第二の場合は，濃度が k の任意の切断 S により生じる V_1 と V_2 の濃度の少なくとも一方が $k + 1$ のとき．

まず最初の場合について議論する．V_1 が張るグラフ，すなわち V_1 を頂点集合とする $\mathcal{G}$ の部分グラフ $\mathcal{G}_1$ に，一つ頂点 w' を加え S の各頂点と辺で結びえられるグラフを $\mathcal{G}_1^* = (V_1^*, E_1^*)$ とする．このとき $\#V_2 \geq k+2$ なので

$$\#V_1^* = \#V_1 + 1 < \#V_1 + \#V_2 - k = \#V \tag{2.4}$$

である．さらに，$\kappa(v, w'; \mathcal{G}_1^*) \leq \deg w' = k$ である．$\kappa(v, w'; \mathcal{G}_1^*) < k$ とすると，その値を実現する切断 S^* は $\mathcal{G}$ の v と w を分離する濃度が $\kappa(v, w'; \mathcal{G}_1^*)(<k)$ の切断にもなり，仮定に反する．したがって，

$$\kappa(v, w'; \mathcal{G}_1^*) = k \tag{2.5}$$

である．二つの条件 (2.4), (2.5) より帰納法の仮定が使え，$\mathcal{G}_1^*$ には v と w' を結ぶ端点以外で共有点をもたないパスが k 本存在する．添字の 1 と 2 を代えて同様の議論により，$\mathcal{G}_2^*$ には v' と w を結ぶ端点以外で共有点をもたないパスが k 本存在する．このとき，前者のパス族の $\mathcal{G}_1$ への制限，および後者のパス族の $\mathcal{G}_2$ への制限の和をとると，$\mathcal{G}$ における v と w を結ぶ端点以外で共有点をもたないパスが k 本えられる．これで最初の場合の証明は完了した．

つぎに，濃度が k の任意の切断 S により生じる V_1 と V_2 の濃度は少なくとも一方が $k+1$ であるとする．(2.2) の記法を用いると，頂点 $u \in V$ に隣接する頂点集合は $N(\{u\})$ と表せる．以降これを，

$$N(u) = \{x \in V\,; \{u, x\} \in E\}$$

と略記することにする．この新しい表記を用いると，仮定より任意の k 個の要素からなる切断 S は，$N(v)$ か $N(w)$ のいずれかである．そこで以降 $\#N(v) = k$ とし，$N(v)$ 自身を v, w を分離する切断として選べるとして一般性を失わない．

$\#(N(v) \cap N(w)) = k$ のときは $\mathcal{G}$ は Θ_k を含むので結論が正しい．そこで $\#(N(v) \cap N(w)) < k$ とすると，$N(w)$ に属さない $N(v)$ の頂点 $x \in N(v)$ は，x が同時に切断 $S = N(v)$ の頂点であることから，$\mathcal{G}_1$ には含まれない辺 e の端点となる．e のもう一方の端点を y とすると，$x \notin N(w)$ なので $y \neq w$ である．e を縮約してえられるグラフを考えよう．すなわち，$V' = V/\{x = y\}$ を頂点集合，$E' = E - \{e\}$ を辺集合とおいたグラフのことで，これを

$$\mathcal{G}/e = (V', E')$$

で表す．$\mathcal{G}/e$ は多重辺が生じ単純でなくなる可能性がある．この混乱を避けるため，$\mathcal{G}/e$ の多重辺を各々 1 本に束ねてえられる単純グラフを $(\mathcal{G}/e)^-$ で表す．束ねる必要がないときは $(\mathcal{G}/e)^- = \mathcal{G}/e$ と解釈する．このとき可視化の間には自然な射影

$$\pi : |\mathcal{G}| \to |(\mathcal{G}/e)^-|$$

がある．切断 S の像 $\pi(S)$ が $(\mathcal{G}/e)^-$ の v, w を分離する切断になっているので $\kappa(v, w\,;\, (\mathcal{G}/e)^-) \leq k$ である．一方，$\kappa(v, w\,;\, (\mathcal{G}/e)^-)$ を実現する $(\mathcal{G}/e)^-$ の切断 S' を選ぶと，$\pi^{-1}(S')$ は v, w を分離する $\mathcal{G}$ の切断になるので，$\#S' \geq k-1$ である．$\#S' = k-1$ とすると，$\#\pi^{-1}(S') = k$ なので，$x, y \in \pi^{-1}(S')$ であり，切断になるべき $\pi^{-1}(S')$ は $N(v), N(w)$ のいずれでもなく，仮定に反する．したがって

$$\kappa(v, w\,;\, (\mathcal{G}/e)^-) = k$$

である．これと

$$\#V' = \#V - 1 < \#V$$

より，帰納法の仮定が使えて，$(\mathcal{G}/e)^-$ には v, w を結ぶ端点以外に共有点をもたない k 本のパスが存在する．その像の π による逆像をとれば，もとめる $\mathcal{G}$ の v, w を結ぶ端点以外に共有点をもたない k 本のパスがえられる．

以上で証明が完了した． □

2.3 二分木の回転

2.1 節で，二分木は一定の規則で並んだデータに対する二分探索アルゴリズムから生まれる自然なデータ構造であることを解説した．一方，あたえられたデータがいつも規則にしたがって並んでいるとは限らない．そのためデータを並べ替える作業も重要である．このような，データを一定の規則にしたがって並べ替える操作をソート（整列）という．代表例としてバブルソートが知られ

ているが，これは並べた数字のとなり同士を比較することを繰り返す，あまり工夫のない方法である．この節では，あたえられた数の列を順序の情報を含めてメモリに格納するデータ構造として二分木を見直す．

定義 2.3.1 (全二分木)．すべての親は左右に子供をもつ二分木 T を考える．すなわち T はルート以外には指数 2 のノードはない．このような二分木を全二分木とよぶ．全二分木の指数 2 以上のノードを内部ノードといい，その集合を V_I で表し，V_I の濃度を全二分木 T のサイズとよぶ．T のサイズが n のとき，T は内部ノードの張る木に $n+1$ 個の辺を加えてえられる．したがって T のノードの個数は $2n+1$ である（図 2.30 参照）．

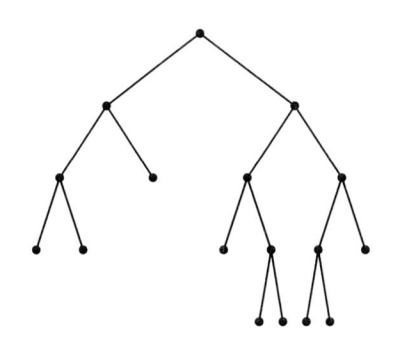

図 2.30 全二分木

全二分木のノードの対称順序とは，V_I 上の全順序関係 $<$ で，つぎのルールで再帰的に定義される．内部ノードを子にもつノード $v \in V_I$ に対し，
 1) 左側の子以下の部分木の任意の内部ノード v_l に対し $v_l < v$
 2) 右側の子以下の部分木の任意の内部ノード v_r に対し $v < v_r$
とする．この手続きをルートから始めると，V_I に全順序が入ることは明らかだろう．この順序関係を，いくつかの数を小さい順に並べて格納する方法に応用する．

具体的な例から始める．8 個の数字の列

6, 4, 7, 2, 5, 9, 8, 11

があたえられたとき，これらを大小関係を考慮して二分木のノードに格納したいとする．あたえられた数の順番にしたがって逐次操作を行う．まず6をルートのノードに格納する．つぎの入力4は6より小さいので，6を格納したノードの左側に辺を下し，子のノードに4を格納する．つぎの7は6より大きいので，右側に辺を下し，子のノードに7を格納する．つぎの2は6より小さいので左に降り，さらに4より小さいので，4を格納したノードの左に辺を下し，子のノードに2を格納する．以下同様の操作を続けると，数字を読むにしたがい二分木が成長して，図2.31ができ上がる．

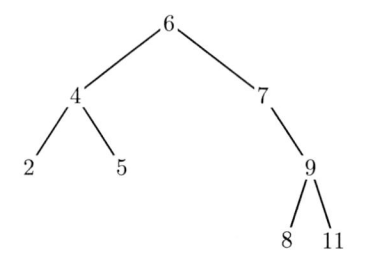

図 **2.31** 数字が格納された全二分木の内部ノードの部分

これに9個の辺を加えて，数字が格納されたノードを内部ノードとする全二分木がえられる．この格納アルゴリズムは，あるノードで格納状況を観察すると，入力された数字がノードに格納された数字との大小関係を比較して，小さければ左，大きければ右に辺をのばして格納しているので，ノードに格納された数字をえられた全二分木の内部ノードの対称順序にしたがって並べると，小さい順にソートされた結果がえられる．

$\{1, 2, \cdots, n\}$ をメンバーとする数の列は n の順列と対応がつき，その総数は $n!$ である．異なる数の列は常に異なるサイズ n の全二分木を作る訳ではないが，さまざまな形が生じる．探索回数を少なくするには，できるだけ深さの浅い二分木がえられるのが望ましい．回転とは，この目的を念頭においた対称順序を変えない二分木の改変操作である．それをまず図2.32で見ておこう．

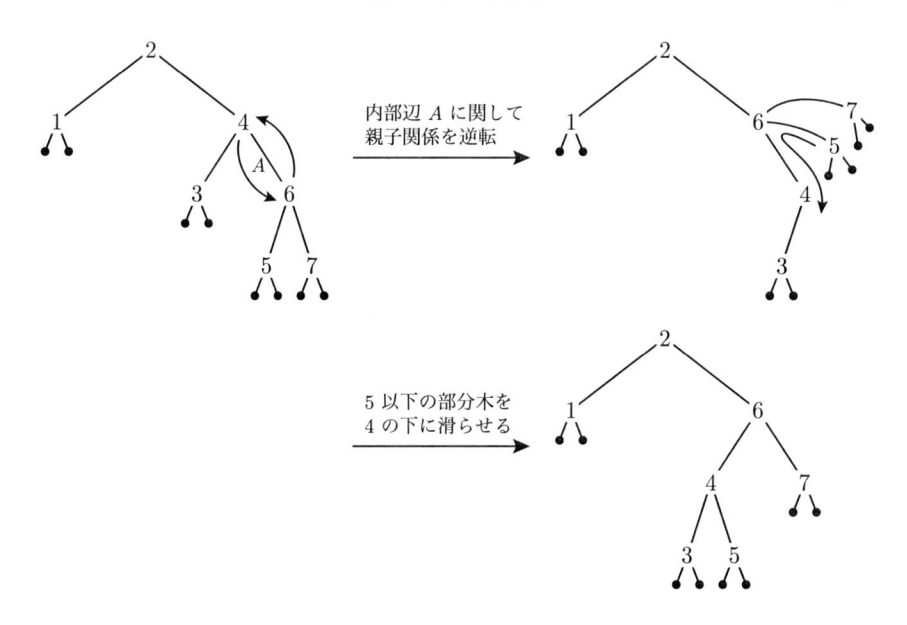

図 2.32　回転

　回転は，一つの内部辺に注目し，その端点の親子関係をひっくり返し，同時に子に従属した二つの孫以下世代の一方を全二分木であることを保つように新たに子になったノードの下に滑らせる操作である．

　全二分木のままで考えることも可能だが，分かりやすい多角形の 3 角形分割の話に置き換える．まず $n+2$ 角形を用意し，一つの辺を特別扱いし，上辺に置く．残りの $n+1$ 個の辺を端末と同一視し，隣接する二つの辺に対応するノードが共通の親をもつとき，両辺と 3 角形をなす対角線を加える．この対角線を加えるステップを多角形の内側に進めると，$n+2$ 角形の 3 角形分割がえられる．図 2.33 はその一例である．

　多角形の 3 角形分割の双対グラフは，各 3 角形を頂点とし，3 角形が辺で隔たるとき辺で結んでえられるグラフである．さらに外枠の $n+2$ 角形の特別扱いしない $n+1$ 個の辺に辺を結べば，サイズが n の全二分木がえられる．したがって，サイズ n の全二分木と $n+2$ 角形の 3 角形分割の間には一対一の関係がある．

　この置き換えで，つぎが直ちに分かる．

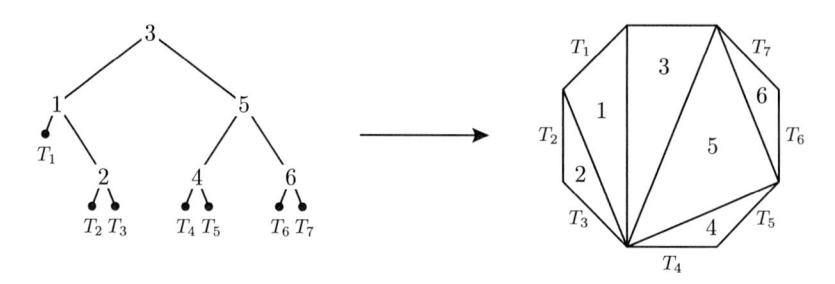

図 2.33 全二分木と 3 角形分割

補題 2.3.2. サイズが n の全二分木の総数は $\dfrac{1}{2n+1}\dbinom{2n+1}{n+1}$ である.

証明. $n+2$ 角形 Δ の特別扱いされた辺の左の辺から半時計回りに $n+1$ 個の辺に順番をつけると, Δ の 3 角形分割と順序づけられた $n+1$ 個のメンバーのトーナメントの組み方, あるいは 2 項演算としての括り方が一対一に対応する. そのような場合の総数はカタラン数とよばれ, 命題に記した数になることは例 1.1.7 で計算した. □

補題 2.3.3. サイズが同じ全二分木は, 有限回の回転で互いにうつり合える.

証明. これも話を 3 角形分割に置き換えると分かりやすい. まず回転は, 3 角形分割において 4 角形の対角線を一方から他方に置き換えるフリップに対応することを説明する. 回転する辺に対応する対角線を選び, その対角線を共有する二つの 3 角形の和である 4 角形を考え, 先祖につながる辺を上に置く. ここに現れる二つの 3 角形は親子関係にあり, 以下の子孫へつながる. ここでこの 4 角形の対角線をフリップする (もう一つの対角線に置き換える). この操作が回転に対応することは図 2.34 から明らかだろう.

問題は, 多角形の任意の 3 角形分割が有限回のフリップによりうつり合えるか否かに帰着される. 平易な方法がある. すべての対角線が一頂点を共有するような 3 角形分割がある. そこで特記された辺の左側の頂点に対角線を集めることを考える. あたえられた $n+2$ 角形の 3 角形分割に対し, 頂点に集まる対

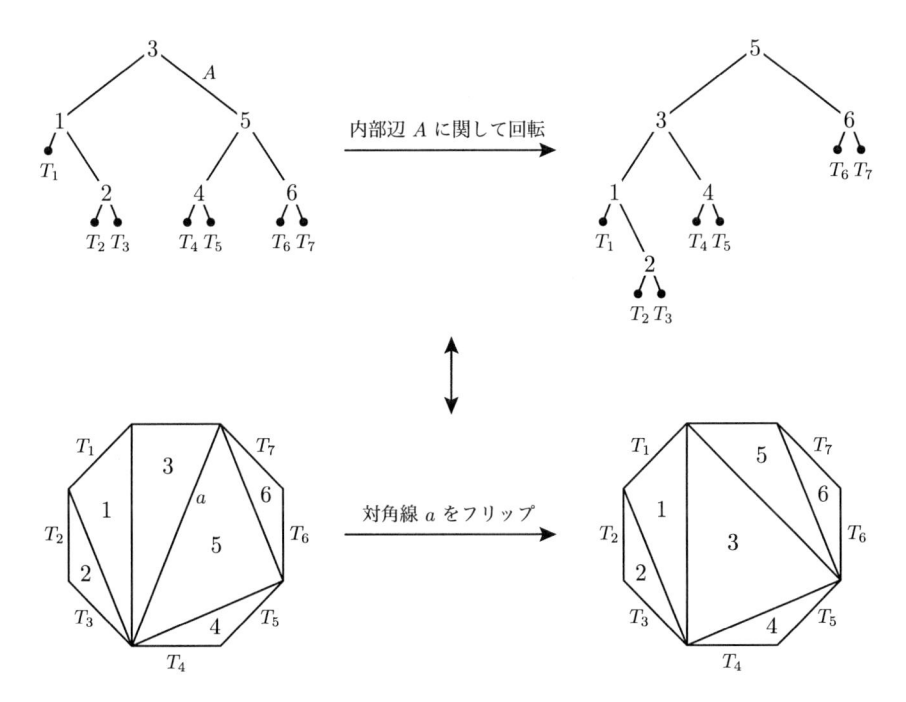

図 2.34 回転と対角線フリップ

角線の本数の最大値は $n-1$ である．特記された辺の左側の頂点に集まる対角線の数が $n-2$ 以下であったとする．このとき，隣り合う対角線および $n+2$ 角形の辺の対で，その 2 辺を辺とする 3 角形の残りの辺が対角線である組が存在する．この対角線をフリップすると，特記された辺の左側の頂点に集まる対角線の本数が一つ増える．この操作を順次行えばよい． □

一つ用語を準備する．サイズが n の全二分木を頂点とし，回転でうつり合う全二分木を辺で結ぶとグラフがえられる．たとえば $n=4$ の場合，頂点数は 14 で，三つの 4 角形の周りを六つの 5 角形が囲む，図 2.35 にあるようなフラーレンのミニ版である．このようにしてサイズ n の全二分木から回転をもちいてえられるグラフを回転グラフとよぶことにする．

回転グラフの頂点間に辺の長さを 1 として測地距離を入れる．このとき回転グラフの頂点集合の直径を回転距離といい $R(n)$ で表す．すなわち $R(n)$ は，

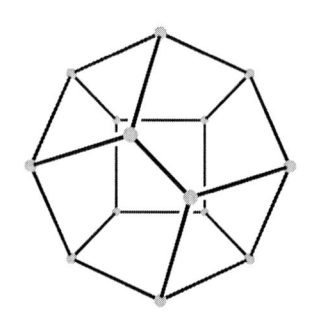

図 2.35 ミニフラーレン

二つのサイズが n の全二分木について,一方を他方にうつすのに必要な回転の回数の最小値の,すべての全二分木の対に関する最大値である.

補題 2.3.4. サイズが n の全二分木に対し,$n \geq 11$ のとき $R(n) \leq 2n - 6$.

証明. 再度,多角形の 3 角形分解の話に置き換える.

まず $n+2$ 角形の 3 角形分割を考え,特別視した頂点 v に対角線を集中させるフリップのステップ数を数える.v に集まる辺の総数は $\deg v$ であるが,1 回のフリップで v に集まる辺を一つ増やせるので,必要なフリップの回数は

$$n + 1 - \deg v$$

である.したがって,二つの 3 角形分割があたえられたとき,各々の頂点 v での指数を $\deg_1 v, \deg_2 v$ とすると,一方の分割から v に対角線を集めて,その後他方の分割に戻すことにより,

$$2(n+1) - \deg_1 v - \deg_2 v$$

回の回転でうつりあえることは保障できる.$\deg v \geq 2$ なので,すでに $2n - 2$ 以下という評価はえられた.この評価を改良したい.

そこで v の選び方を厳選する.指数が大きい頂点を選べば必要な回転の回数が節約できる.頂点の指数の平均値を計算してみよう.$n+2$ 角形には $n+2$ 本の辺と $n-1$ 本の対角線がある.したがって頂点の指数の平均値は

$$\frac{2((n+2)+(n-1))}{n+2} = 4 - \frac{6}{n+2}.$$

$\deg_1 v + \deg_2 v$ の平均値はこの 2 倍で，$n \geq 11$ のとき指数の和が 8 以上の頂点 v が存在する．これでもとめる評価がえられた． □

スレイター–タージャン–サーストン[*4)] は，コンピュータによる探索により $n \leq 16$ のとき正確な値がつぎのようになることを提示している．

n	1	2	3	4	5	6	7	8	9	10	11	12	13	14	15	16
$R(n)$	0	1	2	4	5	7	9	11	12	15	16	18	20	22	24	26

$11 \leq n \leq 16$ のとき評価は最良である．さらに彼らは漸近的にも最良であることを証明した．

定理 2.3.5 (スレイター–タージャン–サーストン)．n が十分大きいとき，$R(n) = 2n - 6$ である．

以下，この定理の証明の概略を紹介するが，トポロジカルな視点と幾何的な視点が交錯するという意味で，つぎの節の導入にも相当する．

まず，サイズが n の全二分木は $n+2$ 角形の 3 角形分割に対応し，さらに回転は 4 角形の対角線フリップに対応していた．一番単純な $n=2$ の場合は，二つの全二分木があり，一方が他方へ対角線フリップでうつる．この状況を 4 角形の境界を合わせて中身を膨らませて，4 面体の一辺を共有する二つの面からなる 4 角形が，ねじれの位置にある対辺を共有する二つの面からなる 4 角形にうつると考える（図 2.36 参照）．双方の 4 角形の境界は共通である．

この発想の転換により，対角線フリップに 4 面体が対応し，平面図形の問題が空間図形の問題に置き換わる．トポロジカルには，
1) 球面の赤道に 4 点をとり，赤道が北半球および南半球に 4 角形を囲む．
2) 双方の 4 角形に対角線を加え，4 面体の表面と同じ球面の 3 角形分割を

[*4)] D. Sleator, R. Tarjan and W. Thurston : Rotation distance, triangulation and hyperbolic geometry, Jour. Amer. Math. Soc., 1 (1988), 647-681.

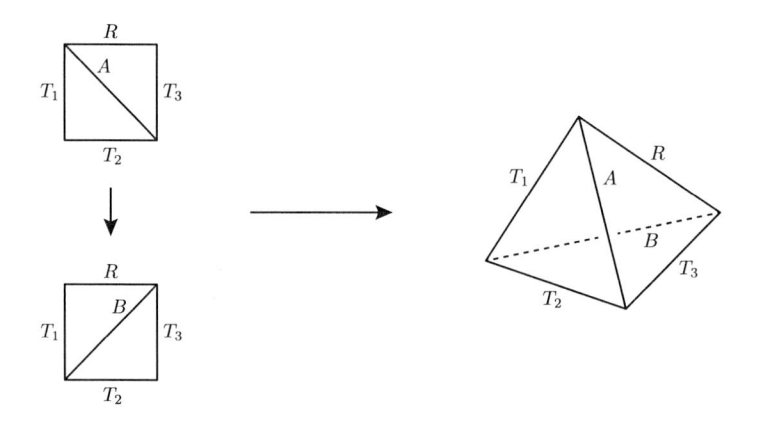

図 2.36 対角線フリップ → 4 面体

える．

3) 北半球の 3 角形分割から南半球の 3 角形分割にうつるには，球面の内部である 4 面体 1 個が必要，

と解釈する．

この状況を一般化するには，4 を $n+2$ に置き換えればよい．退化が生じる場合を避けるため，あたえられたサイズが n の二つの全二分木が，共通の対角成分をもたないとする．こうすれば，$n+2$ 角形の二つの 3 角形分割をそれぞれ北半球および南半球に置くと，球面の 3 角形分割が定まり，その頂点と辺からなる球面上のグラフはループや多重辺を含まず単純であり，さらに赤道がすべての頂点を通るサイクルをなす．一般にグラフに対し，すべての頂点を通るサイクルをハミルトンサイクルという．すなわち一般化の出発点は，球面上の 3 角形分割で，その頂点と辺からなるグラフがハミルトンサイクルをもつものとなる．

補題 2.3.6. $n+2$ 個の頂点をもつ球面のハミルトンサイクルをもつ 3 角形分割は $2n$ 個の面，$3n$ 本の辺をもつ．

証明． 球面は，ハミルトンサイクルにより二つの $n+2$ 角形に分割される．さらに $n+2$ 角形の 3 角形分割に必要な 3 角形の個数は n であるから，結論が

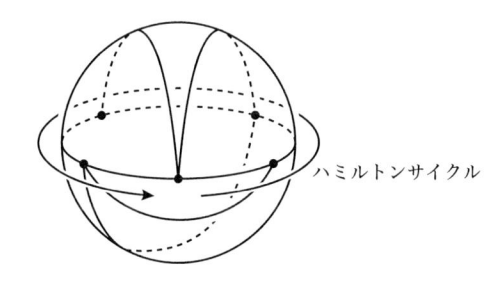

図 2.37 球面上のハミルトンサイクル

したがう. □

コメント 2.3.7. ちょっと脇道にそれるが,グラフのオイラー標数の一般化として球面の 3 角形分割のオイラー標数を,その頂点数 $\#V$,辺の個数 $\#E$,面の個数 $\#F$ の交代和

$$\#V - \#E + \#F$$

として定義すると,分割によらず 2 となる.この事実はつぎの節でより詳しく解説する.

話を,$n+2$ 角形の二つの対角線による 3 角形分割に対し一方を他方にうつすのに必要な対角線フリップの回数をもとめることに戻そう.対角線フリップを行うたびに 4 面体を挿入していくと,最終的には球体のトポロジカルな 4 面体分割がえられる.そこで課題は

課題 2.3.8. 頂点数が $n+2$ 個の球面のハミルトンサイクルをもつ 3 角形分割があたえられたとき,境界でそれと一致する球体の 4 面体分割に必要な 4 面体の個数の最小値をもとめよ.

と定式化できる.次元を一つ下げて対応する課題を定式化すると

課題 2.3.9. 頂点数が $n+2$ 個の円周の分割があたえられたとき,境界でそ

れと一致する円板の 3 角形分割に必要な 3 角形の個数の最小値をもとめよ．

となり，内部に頂点を設けなければ答えは最小どころか一意で，n である．次元が一つ上がるとこうした剛性が崩れることが話題になったのはそれほど昔のことではないようだが，$n = 3$ の場合にすでに生じる．

　赤道上に 3 点，および北極と南極を頂点とする球体の 4 面体分割は，北半球体と南半球体の二つに分ける方法と，北極と南極を結ぶ線を辺とし三つに分ける方法が容易に思いつく（図 2.38 参照）．分割に使った 4 面体の個数が球面上での 3 角形分割が同じにもかかわらず一定でない．だから課題 2.3.8 はまったく非自明である．

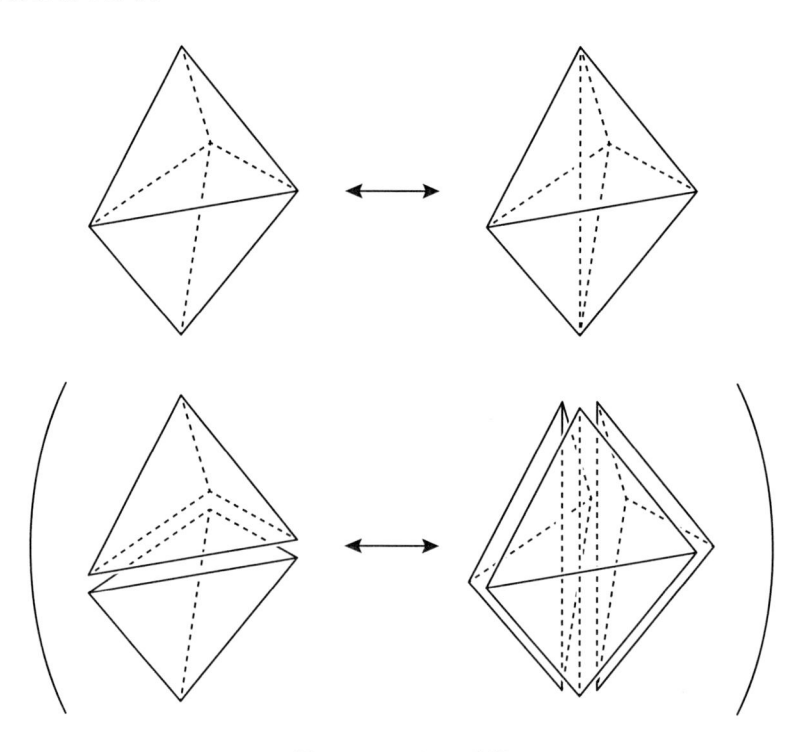

図 **2.38** パヒナーの分割

この二つの分割は，球面上の五つの頂点と六つの 3 角形からなる分割をハミルトンサイクルで 2 分してえられる二つの 5 角形の 3 角形分割に対し，一方から他方への二つの独立な対角線フリップの列をあたえる．一方は 2 回，他方は 3 回でうつる．一方を施した後他方の逆で戻ると，5 回の回転で元に戻るサイクルが見える．対応する全二分木の回転変形は長さ 5 のサイクルをなし，ペンタゴンルールとして知られている（図 2.39 参照）．

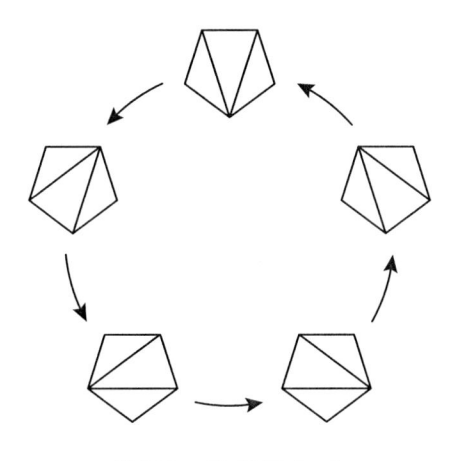

図 2.39　ペンタゴンルール

課題 2.3.8 へのアプローチはいろいろ考えられるであろうが，スレイター–タージャン–サーストンが採用したのは，以下で説明する幾何量である．

課題 2.3.8 そのものは，頂点数 $n+2$ に付随する数で，球面上の頂点の位置が指定されれば確定する．しかし点の位置が指定されている訳ではないので，あたえられた n に対し，確定する数の下からの評価をもとめる必要がある．そこで問題を幾何化，すなわち何らかの幾何量に関連させるように見直す．

まず球面上に $n+2$ 個の頂点からなるハミルトンサイクルをもつ 3 角形分割がある．これは全くトポロジカルなデータだが，頂点の配置を適当にとれば，その凸閉，すなわちあたえられた頂点を含む最小の凸閉集合 Δ を，表面の 3 角形分割があたえられた $\mathbb{R}^3$ の凸多面体にできる．凸多面体の厳密な定義はつぎの節にゆずるとして，$n+2=4$ の場合は四つの面で囲まれる 4 面体である．

単位球面上の頂点の位置によりその幾何的構造はいろいろあり，たとえば正 4 面体にもなりうる．こうして問題は，$n+2$ 個の頂点をもつ単位球面に内接する凸多面体に対し，その分割に必要な 4 面体の個数の最小数をもとめることに置き換わる．

期待したい幾何量は，頂点数が増えたときにほぼ線形に増大する量である．問題の質を理解するため，再度次元を一つ落として課題 2.3.9 を考える．円周上の頂点数が増えるにしたがい線形に増える内部量としては，たとえば通常のユークリッド面積は，円の面積が有界なので該当しない．一方，円周上の勝手な 3 点を頂点とする 3 角形の面積は π で一定となる双曲幾何がある．そのメカニズムを少し立ち入って解説する．

$\mathbb{R}^3 = \{(x,y,t)\,;\,x,y,t \in \mathbb{R}\}$ の各点の接ベクトル空間の上に

$$dx^2 + dy^2 - dt^2$$

で定義される不定値二次形式をローレンツ計量とよぶ．これを双曲面の上半部分の接ベクトル空間に制限することにより，双曲平面

$$\mathbf{H} = \{(x,y,t) \in \mathbb{R}^3\,;\,x^2 + y^2 - t^2 = -1,\,t > 0\}$$

がえられる．ローレンツ計量は不定値であるが，$\mathbf{H}$ の接ベクトル空間に制限すれば正定値であることがつぎの計算で分かる．$(x_0, y_0, t_0) \in \mathbf{H}$ における接ベクトルを (u, v, s) とおくと

$$x_0^2 + y_0^2 - t_0^2 = -1, \qquad ux_0 + vy_0 - st_0 = 0$$

が成り立つ．$u^2 + v^2 - s^2 = k$ とおくと，前半の 2 成分に対するシュワルツの不等式から

$$0 \leq (u^2 + v^2)(x_0^2 + y_0^2) - (ux_0 + vy_0)^2 = (t_0^2 - 1)k - s^2$$

がえられる．$t_0 = 1$ のときは $x_0^2 + y_0^2 = 0$ なので $s = 0$ であることを加味すれば，この不等式から $k \geq 0$ が分かる．したがってローレンツ計量の制限によりリーマン計量がえられた．双曲平面にはローレンツ計量を保つ $\mathbb{R}^3$ の線形変換

$$\mathrm{O}(2,1) = \left\{ A \in \mathrm{GL}(3,\mathbb{R})\, ;\, {}^t\!A \begin{pmatrix} 1 & 0 & 0 \\ 0 & 1 & 0 \\ 0 & 0 & -1 \end{pmatrix} A = \begin{pmatrix} 1 & 0 & 0 \\ 0 & 1 & 0 \\ 0 & 0 & -1 \end{pmatrix} \right\}$$

の t 成分の符号を保つ指数 2 の部分群 $\mathrm{O}^+(2,1)$ が等長変換として作用する. この変換群 $(\mathrm{O}^+(2,1), \mathbf{H})$ を平面双曲幾何の双曲面モデルという.

$\mathbf{H}$ を $\mathbb{R}^3$ の原点を中心として

$$\mathbb{K} = \{x^2 + y^2 < 1\} \cap \{t = 1\}$$

に射影することにより，平面双曲幾何の射影モデルがえられる．射影モデルにおいては測地線はユークリッド直線と $\mathbb{K}$ との共通部分となる．これで単位円周上の 3 点を頂点とする 3 角形と関係がつく．一つ注意すべきは，円周は双曲幾何の台には含まれていない点である.

双曲幾何の一つの特徴は，円周上の任意の相異なる 3 点を任意の相異なる 3 点にうつす等長変換があることである．円周は台には含まれていないので，このような 3 角形を理想 3 角形とよぶ．この一つの系として，

系 2.3.10. 双曲幾何においては理想 3 角形はすべて合同.

理想 3 角形の面積を計算してみる．そのためには射影モデルは適当ではなく，上半平面 $\mathbb{H} = \{z = x + iy \in \mathbb{C}\, ;\, y > 0\}$ に

$$\frac{1}{y^2}(dx^2 + dy^2)$$

で定義されるリーマン計量をあたえた上半平面モデルを使う．複素関数論の知識を使うと，行列 $\begin{pmatrix} a & b \\ c & d \end{pmatrix} \in \mathrm{SL}(2,\mathbb{R})$ に対する一次分数変換

$$z \to \frac{az+b}{cz+d}$$

が等長変換となり，変換群 $(\mathrm{PSL}(2,\mathbb{R}), \mathbb{H})$ が $(\mathrm{O}^+(2,1), \mathbb{K})$ と同変になることが計算できる．詳細はたとえば拙著[*5)]を参照．このモデルを上半平面モデル

[*5)] 小島定吉：『多角形の現代幾何学　増補版』牧野書店，1999 年.

という.

　理想 3 角形の面積の計算は，上半平面モデルでは簡単な重積分に帰着できる．必要な事項は，上半平面モデルにおいては測地線は実軸に直交する半円か直線であること，および実軸と $\{\infty\}$ 上の 3 点を頂点とする理想 3 角形はみな合同である点である．$-1, 1, \infty$ を頂点とする理想 3 角形 Δ の面積は

$$\int_\Delta \frac{dxdy}{y^2} = \int_{-1}^1 \int_{\sqrt{1-x^2}}^\infty \frac{dxdy}{y^2} = \int_{-1}^1 \frac{dx}{\sqrt{1-x^2}} = \pi$$

この事実を使って，課題 2.3.9 のやや冗長な下からの評価をあたえてみよう．

　円周上に $n+2$ 個の頂点をもつユークリッド多角形 P があたえられている．これに対角線を引いて 3 角形に分割するのに必要な個数を k とする．両者の双曲面積を比較すると，

$$k \geq \frac{\text{Area}\,P}{\text{Area}\,\Delta} = \frac{\text{Area}\,P}{\pi}$$

により k の下からの評価がえられる．実際は右辺は P の形状によらず n に等しく，$k = n$ である．

　この議論を 3 次元で行うには事情がだいぶ複雑になる．まず，四つの頂点が無限遠にある理想 4 面体は互いに合同とは限らず，体積も変化する．理想 4 面体 Δ の一つの頂点が ∞ にくるように上半空間モデルにおくと，∞ を共有する三つの面が無限遠平面上でユークリッド 3 角形を定める．その三つの角度 α, β, γ は，Δ の対応する辺の面角に一致している．さらにねじれの位置にある辺の面角は互いに等しく，理想 4 面体は $\alpha + \beta + \gamma = \pi$ をみたす面角で径数付けされる．その体積は，ロバチェフスキー関数

$$\Pi(\theta) = \int_0^\theta \log |2 \sin u|\, du$$

を用いると，

$$\text{Vol}\,\Delta = \Pi(\alpha) + \Pi(\beta) + \Pi(\gamma)$$

であることが計算できる．詳細は，たとえば拙著[*6)]の第 4 章を参照．これより系 2.3.10 に対応する命題としてつぎがえられる．

[*6)] 小島定吉：『3 次元の幾何学』朝倉書店，2002 年.

補題 2.3.11. $v_3 = 3\Pi(\pi/3) = 1.014916\ldots$ とおくと,

$$\text{Vol}\,\Delta \leq v_3$$

が成り立ち,さらに等号が成立するのは $\alpha = \beta = \gamma = \pi/3$ のときに限る.

そこで P_n を $n+2$ 個の頂点をもつ理想多面体とする.これが k 個の理想 4 面体で分割できたとすると,それらの双曲体積を比較することにより

$$k \geq \frac{\text{Vol}\,P_n}{v_3}$$

がえられる.したがって必要な仕事は,できるだけ体積が大きい P_n の構成である.これは厄介だが組合せ論的になかなか面白く,興味のある読者には原論文を読むことを推奨したい.

2.4 多 面 体

この節では,グラフと密接な関係がある多面体について,とくにその組合せ的性質を中心に解説する.

最初に凸多面体と多面体を定義する.$\mathbb{R}^n$ を n 次元ユークリッド空間とする.その各点は,n 個の実数の組 $\boldsymbol{x} = (x_1, x_2, \cdots, x_n)$ で表されている.この空間における一大役者は,1 次式の零点集合,具体的には

$$a_1 x_1 + a_2 x_2 + \cdots + a_n x_n - k = 0$$

をみたす点 $(x_0, x_1, \cdots, x_n) \in \mathbb{R}^n$ の集合として定義される超平面である.ここで $a_1, a_2, \cdots, a_n$ は,すべてが 0 ではない定数であり,また k も定数である.超平面は空間を

$$a_1 x_1 + a_2 x_2 + \cdots + a_n x_n - k \leq 0$$

および

$$a_1 x_1 + a_2 x_2 + \cdots + a_n x_n - k \geq 0$$

をみたす二つの部分に分ける.各々を超平面が定める閉半空間とよぶ.

定義 2.4.1 (凸多面体). 凸多面体とは，ユークリッド空間 $\mathbb{R}^n$ の，(本書では簡単のため) 有限個の超平面で分けられる閉半空間の共通部分として表される図形のこととする．

例 2.4.2. 平面上の 3 角形や，空間内の 4 面体等は凸多面体の典型例である (図 2.40 参照)．

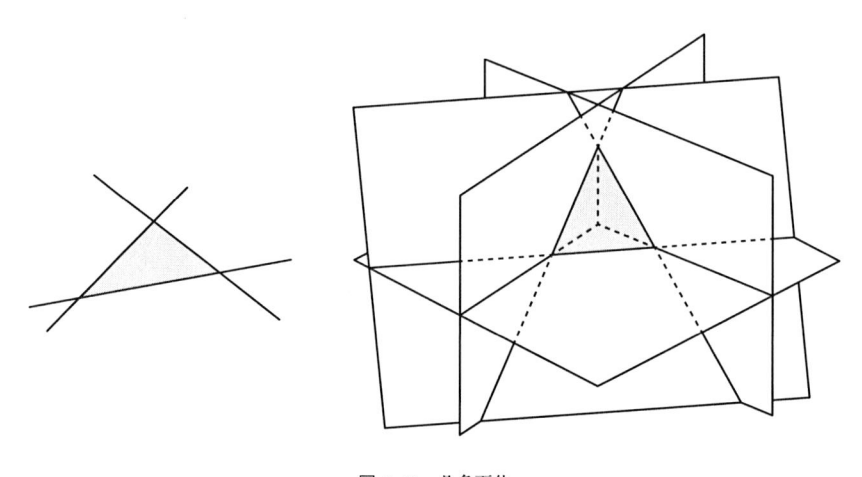

図 2.40 凸多面体

超平面が定める二つの閉半空間の共通部分は超平面自身なので，超平面も凸多面体である．したがってたとえば，空間内のアフィン平面の 3 角形なども凸多面体である．このように次元を下げることは可能で，たとえば

$$\{\mathbf{0}\} = \bigcap_{i=1}^{n} (\{x_i \geq 0\} \cap \{x_i \leq 0\})$$

のように，点も凸多面体である．

凸多面体には，次元と面という用語がつぎのように定義できる．

定義 2.4.3. 凸多面体 $B \subset \mathbb{R}^n$ の点 x を選ぶ．x は B を定義する有限個の超平面の共通部分で定義されるアフィン部分空間の上にある．このようなアフィ

ン部分空間の次元の最小値を k とすると, k を実現するアフィン部分空間 L は一意的である (証明は演習とする). このとき $B \cap L$ を B の k 次元面とよぶ. B の k 次元面は凸多面体である. このような k の最大値を B の次元という.

例 2.4.4. 立方体 $B = \{(x, y, z) \in \mathbb{R}^3 : 0 \leq x, y, z \leq 1\}$ は図 2.41 のように描け, 8 個の 0 次元面, 12 個の 1 次元面, 6 個の 2 次元面, 1 個の 3 次元面からなる凸多面体である.

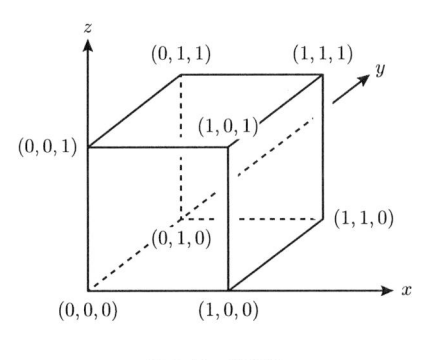

図 2.41 立方体

つぎは基本的な命題であるが, 証明は演習とする.

演習問題 2.4.5. コンパクト n 次元凸多面体は n 次元球体に位相同型である.

B を凸多面体とする. B の次元を m とし, $B^{(k)}$ を B の k 次元面の和集合とすると, 容易に

$$B = B^{(m)} \supset B^{(m-1)} \supset \cdots \supset B^{(0)}$$

という階層化がえられる. ここで各段階での $\supset$ は等号が成立せず, 任意の $1 \leq j \leq m$ について $B^{(j)} - B^{(j-1)} \neq \emptyset$ である. さらに $B^{(k)}$ は空でなく, B の k 以下の次元の面の和集合である. $k < m$ のとき, $B^{(k)}$ は凸多面体ではないが, 凸多面体の和集合であり, 凸ではないが多面体とよぶに相応しい図形で

ある.そこで多面体を凸多面体の和集合として厳密に定義してみる.

定義 2.4.6 (多面体). $\mathbb{R}^n$ の部分集合 B_i ($i = 1, 2, \cdots$) の和集合
$$P = \bigcup_i B_i$$
が以下の 2 条件をみたすとき多面体という.
 1) 各 B_i は凸多面体である.
 2) 任意の i, j に対して $B_i \cap B_j$ は B_i, B_j 双方の面である.

これにより,凸多面体 B の $B^{(k)}$ は,任意の k に対して多面体になる.とくに凸多面体の境界は多面体である.

P を多面体とし,その次元を m とする.定義 2.4.6 の 2 番目の条件から,構成要素 B_i の k 次元面を P の k 次元面とよんで矛盾を生じない.そこで $P^{(k)}$ を P の k 次元面の和集合とし,P の k 骨格とよぶ.容易に
$$P = P^{(m)} \supset P^{(m-1)} \supset \cdots \supset P^{(0)}$$
という階層化がえられる.各段階での $\supset$ は等号が成立せず,任意の $1 \leq j \leq m$ について $P^{(j)} - P^{(j-1)} \neq \emptyset$ である.さらに $P^{(k)}$ は空でなく,P の k 以下の次元の面の和集合である.

コメント 2.4.7. 多面体はユークリッド空間内の図形であり,単に部分位相空間であるが,定義にはその構成要素が凸多面体として明記されている.すなわち,ユークリッド空間の任意の部分空間ではなく,凸多面体により分割可能という条件がつく部分空間である.分解の情報も付随させると,単なる部分空間よりは細かい情報を議論できる.

コメント 2.4.8. 多面体の構成要素である凸多面体を単体に限ることにより,単体複体をもちいた多面体というクラスが定義される.このクラスは構成要素を制限したので,本書の定義する多面体のクラスより真に小さいように見えるが,じつは適当な細分をとることにより一致するので,位相空間としては同じ

クラスをあたえる．

例 **2.4.9** (正多面体)．正多面体とは，本書では各面が合同な正多角形からなり，各頂点に集まる面の個数が一定の 2 次元多面体のことと定義する．2 次元に限っているが，それでもなお面白い．多角形の辺の個数を n とすると，その頂点での角度は $\dfrac{(n-2)\pi}{n}$ である．頂点に $d\,(\geq 3)$ 枚の面が集まるとし，n と d の組を $\{n, d\}$ で表し，シュレフリー記号とよぶ．シュレフリー記号は集合ではなく，数字の順番が重要であることに注意しよう．正多面体が凸多面体の境界として実現されていたとすると，頂点での角度の総和は 2π 以下であり，

$$\frac{d(n-2)\pi}{n} < 2\pi$$

が成り立つ．この不等式をみたす n と d の組は，

$$\{3, 3\}, \{3, 4\}, \{3, 5\}, \{4, 3\}, \{5, 3\}$$

の 5 種類に限られる．逆に，それぞれについて正多面体が構成できる．このとき面の個数が自動的に決まってしまうことが，つぎのトポロジカルな考察で分かる．

3 次元凸多面体の境界として実現できる正多面体 Δ は，2 次元球面 $\mathbb{S}^2$ と位相同型である．Δ の一つの面 F の内部に基点 v を取ると，$\Delta - \{v\}$ は $\mathbb{R}^2$ に位相同型である．したがって，F の内部を F° で表すと，この同型を通して $\Delta - F^\circ$ は平面上の点と線と面からなるトポロジカルには多角形とその内部に等しい図形として可視化できる．そこで可能性を考えてみる．シュレフリー記号にしたがう制約条件を念頭に平面上でグラフを描くと，トポロジカルには図 2.42 に挙げられた 5 種類に限られることが確かめられる．

この考察の結果として，正多面体の相似類が 5 種類に限られることが分かる．それらの面の個数はシュレフリー記号の順序にしたがい $f = 4, 8, 20, 6, 12$ であり，それぞれは正 f 面体とよばれている．

図 2.43 にあるように正多面体を静的に可視化するのは容易だが，それよりインターネット上の情報を見る方が楽しい．たとえば

112   2. グ ラ フ

{3,3}   {3,4}   {3,5}

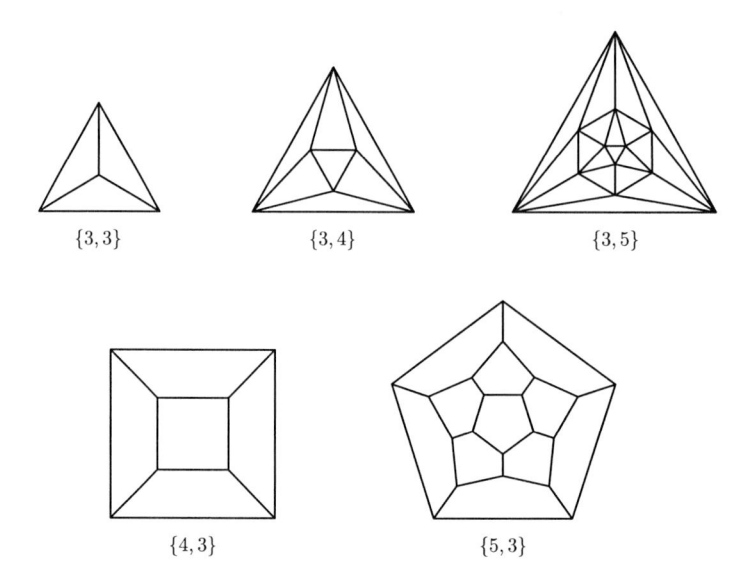

{4,3}   {5,3}

図 **2.42** 正多面体の展開図

正 4 面体   正 8 面体   正 20 面体

正 6 面体   正 12 面体

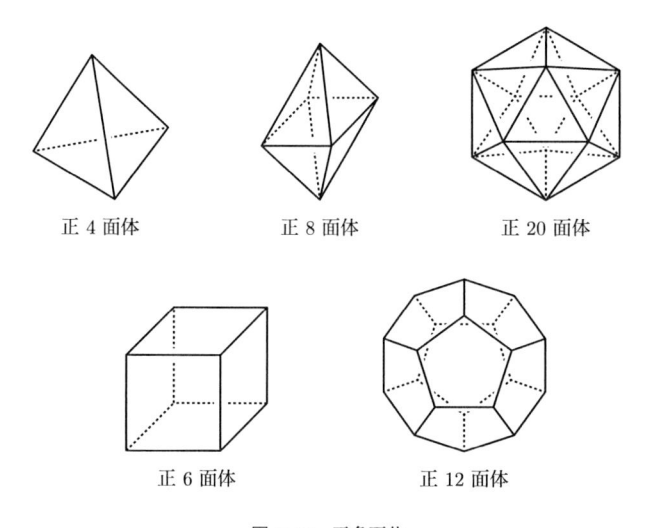

図 **2.43** 正多面体

http://ja.wikipedia.org/wiki/正多面体

には，回転アニメーションが表示されている．このページに限らず，適当な検索エンジンで「正多面体」を検索すれば，思いのほか多様な情報が集まるに違いない．

さて，グラフの場合の拡張として，面の貢献を加味して 2 次元多面体 Δ に対しオイラー標数を定義する．

定義 2.4.10 (オイラー標数)．2 次元多面体 Δ の頂点の集合を V，辺の集合を E，面の集合を F とするとき，Δ のオイラー標数 $\chi(\Delta)$ とは，

$$\chi(\Delta) = \#V - \#E + \#F$$

により定まる数とする．

例 2.4.11．正多面体の頂点，辺，面の個数およびオイラー標数は表 2.1 であたえられる．表によれば，オイラー標数がすべて 2 となっているが，以下に解説する通りこれは偶然の一致ではない．

表 2.1 正多面体

名称	面の形	面の個数	辺の本数	頂点の個数	オイラー標数
正 4 面体	正 3 角形	4	6	4	2
正 6 面体	正 4 角形	6	12	8	2
正 8 面体	正 3 角形	8	12	6	2
正 12 面体	正 5 角形	12	30	20	2
正 20 面体	正 3 角形	20	30	12	2

グラフの場合に例 2.2.9 に記したように，オイラー標数は分割に依らない位相空間の不変量になる．すなわち，トポロジーが同じ図形のオイラー標数は等

しい．五つの正多面体はすべて 2 次元球面とトポロジーが等しいので，オイラー標数は同じなのである．

じつは，オイラー標数はより精細な情報をもっている．対象を 2 次元多面体の中で曲面（2 次元多様体）とよばれる特別な図形に絞ると，その威力を明快に説明することができる．曲面とは，

1) 各辺に集まる面の個数は 2
2) 頂点の近傍は頂点を除いても連結

の 2 条件をみたす多面体である．曲面は，向き付け可能な場合と不可能な場合の大きく二つに分かれる．その判定基準は，メビウスの帯（図 2.44 参照）と位相同型な部分集合を含むか否かで，含まない場合に向き付け可能という．

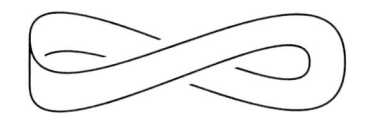

図 2.44 メビウスの帯

向き付け可能な曲面の例としては種数 0 の球面，種数 1 のトーラス，一般に種数 g（= 図 2.45 に記された穴の数）の閉曲面がある．

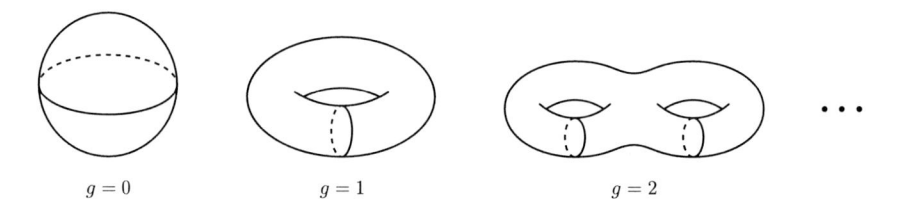

$g = 0$　　　$g = 1$　　　$g = 2$

図 2.45 閉曲面

これらの曲面のオイラー標数は，種数を g とすると $2 - 2g$ であたえられる．驚くべきことに，向き付け可能な曲面のトポロジーはこれらで尽くされる．つぎは，19 世紀後半にメビウスにより証明された曲面のトポロジーを分類する定理である．証明は，たとえば田村一郎の著書[*7)]を参照．

[*7)] 田村一郎：『トポロジー』（岩波全書），岩波書店，1972 年．

定理 2.4.12 (曲面の分類). 向き付け可能な曲面のトポロジーはオイラー標数で分類される.

3次元凸多面体の境界として実現される正多面体は5種類に限られたが, 一般の2次元多面体は無尽にある. 前節では3次元球体の多数の4面体による分割が全二分木の回転距離の解析に使われたが, その境界は3角形で分割された多面体であった. 構成要素を3角形に限ると, 正多面体は3種類しかないが, 頂点に集まる面の個数を一定に限らなければたくさんあるということである. ではどれくらいあるのだろうか？

補題 2.4.13. Δ を3次元凸多面体の境界として実現される多面体とする. このとき Δ の 1-骨格 $\Delta^{(1)}$ は連結度が3以上の単純グラフである.

証明. まず, $\#\Delta^{(0)} \geq 4$ であることに注意する. また, 定義により Δ の辺はユークリッド直線なので $\Delta^{(1)}$ は単純である.

$\Delta^{(1)}$ の連結度が 0, すなわち連結でないとすると, Δ 上の単純閉曲線で $\Delta^{(1)}$ を分けるものが存在するが, 多面体にはそのような曲線は存在しない. 連結度が1とすると, ある面が2頂点を共有することになるが, これは不可能. 連結度が2とすると, 辺を共有しない二つの面が2頂点を共有することになるが, これも不可能である. □

3次元凸多面体の境界となる多面体を Δ とし, 一つの面 F の内部を除いて平面上に $\Delta - F^\circ$ を描くと多角形が現れ, Δ の 1 骨格 $\Delta^{(1)}$ は $\mathbb{R}^2$ に忠実に描かれたグラフになる. このようなグラフには名前がついている.

定義 2.4.14. グラフ $\mathcal{G}$ は, その可視化 $|\mathcal{G}|$ が平面上に埋め込めるとき平面的であるという.

平面的なグラフの代表例として, 地球上の国を頂点とし, 境界を接するとき辺で結んでえらえるグラフがある. 地球の表面上で描けるので, 平面グラフに

なることは自明である．すこし脱線するが，グラフの彩色数を定義しておこう．単純グラフ $\mathcal{G} = (V, E)$ の彩色数とは，V の各頂点を，隣接する頂点は異なるように塗り分けるのに必要な色の個数の最小値のことである．

定理 2.4.15 (アペル-ハーケン)．*単純平面グラフの彩色数は 4 以下である．*

という大定理がある．これは 1976 年に当時のコンピュータによる多大な計算の結果えられた金字塔だったが，数学界では「これが証明か？」という疑問が渦巻いた．しかしながら，手法は後の数学の研究方法論に大きな影響をもたらし，現在はコンピュータによる計算は，数学の研究手段として広く受け入れられ，「実験数学」とよばれる一分野に成長している．

ところで逆にこの定理を念頭におくと，連結数の高いグラフは平面的になりにくいことが想像される．たとえば完全グラフ K_n は，$n \geq 5$ であれあば 4 色彩色は不可能なので平面的でない．一方，彩色数のみが平面性への障害ではない．以下の命題には，アドホックだが初等的な証明をあたえることができる．

命題 2.4.16. *K_5, $K_{3,3}$ は平面的ではない．*

証明． K_5 が含むサイクルの長さの最小数は 3 である．したがって，もし K_5 が平面的だったとすると，球面上に頂点数 5，辺の数 10，面の数は未知で f となるグラフが載る．そこで球面のオイラー標数をこの分割で計算する．$\chi(\mathbb{S}^2) = 5 - 10 + f$ だが，$3f \leq 2 \cdot 10$ なので，

$$2 = \chi(\mathbb{S}^2) = 5 - 10 + f \leq -5 + \frac{20}{3} = \frac{5}{3}.$$

これは無理である．

$K_{3,3}$ が平面的だったとしよう．$K_{3,3}$ が含むサイクルの長さは 4 以上である．したがって頂点数 6，辺の数 9，面の数は未知で f となるグラフが球面上に載る．そこで球面のオイラー標数をこの分割で計算する．$\chi(\mathbb{S}^2) = 6 - 9 + f$ だが，$4f \leq 2 \cdot 9$ なので，

$$2 = \chi(\mathbb{S}^2) = 6 - 9 + f \leq -3 + \frac{2 \cdot 9}{4} = \frac{3}{2}.$$

これも無理である. □

以上はその場限りの説明だが，じつは奥が深く逆が成り立つ.

定理 2.4.17 (クラトフスキー). 単純グラフ $\mathcal{G}$ が K_5 または $K_{3,3}$ の細分を含まなければ，$\mathcal{G}$ は平面的である.

この定理の証明は，たとえば根上生也による著書[*8)]にゆずるが，グラフ理論において重要性を増しているマイナー（因子）の考え方を用いると，オリジナ

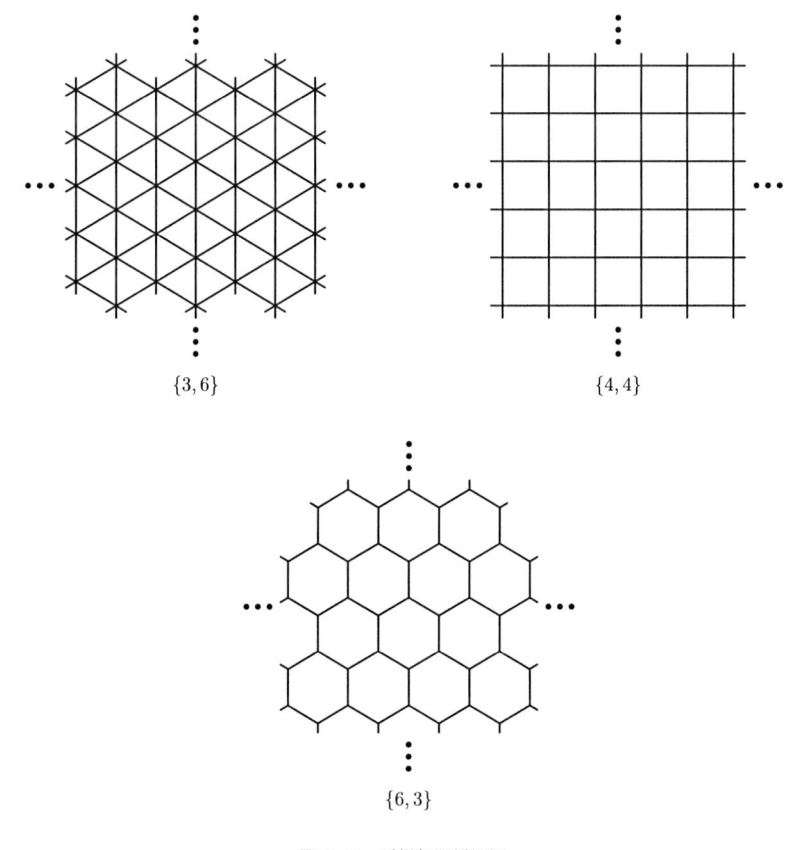

{3,6}　　　　　　　　{4,4}

{6,3}

図 2.46　平坦無限展開図

[*8)]　根上生也：『離散構造』共立出版, 1993 年.

ルに比べかなり明快になる．

以上をまとめると，3次元凸多面体の境界として実現される多面体の多様性は，3連結平面グラフの多様性に対応することになる．

つぎに視点を変えて，凸多面体の境界とは限らない2次元多面体のトポロジーの多様性の可能性を探ってみたい．出発点は，正多面体の剛性を崩すことができるかである．シュレフリー記号による制限は，例 2.4.9 では頂点に集まる面の角の総和が 2π 未満であることからえた．その条件が崩れる最初の場合として $\{3,6\}, \{4,4\}, \{6,3\}$ をみたすグラフを平面に描いてみると，図 2.46 に描かれているように平面全体に広がりいつまでたっても閉じることができない．

さらに $\{5,4\}$ を試してみると，図 2.47 に描かれている通り，遠くが急速に詰まっていく．

一方，正多面体は 3 次元ユークリッド空間内の凸多面体の境界として実現される幾何学的対称性の高い図形として定義したが，わずか五つしかなかった．その原因は 3 次元ユークリッド空間に凸多面体として押し込むという制約にある．一方で，正多面体の特性をシュレフリ記号により符号化された境界の組合せ論

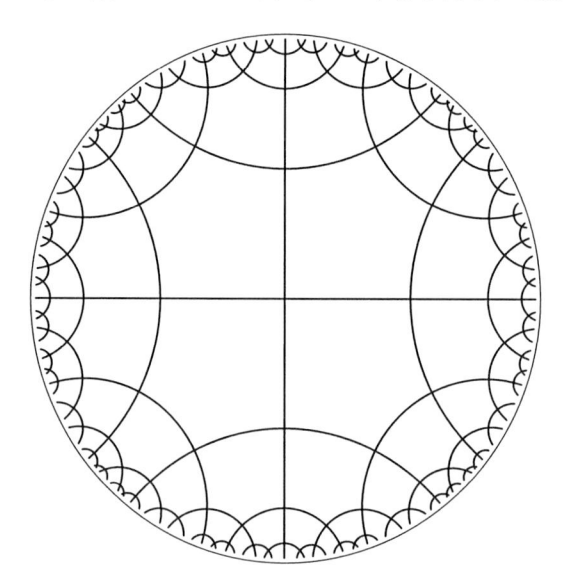

図 **2.47** 双曲無限展開図

的構造にもとめると，新たな観点が生まれる．平面上に展開図が描けなかった最初のシュレフリ記号は $\{3,6\}, \{4,4\}, \{6,3\}$ である．つぎの例は，凸多面体の境界としては実現できないが，シュレフリー記号 $\{4,4\}$ を実現する多面体である．

例 2.4.18 (正方形トーラス)． 16 枚の合同な正 4 角形を用意し，各々 F_{ij} ($0 \leq i, j \leq 3$) と名前をつける．添字について 4 を法として，F_{ij} の左上の頂点を v_{ij}，左下の頂点を $v_{i+1,j}$，右上の頂点を $v_{i,j+1}$，右下の頂点を $v_{i+1,j+1}$ とする．さらに $F_{ij}, F_{i+1,j}$ を共通のラベルがついた v_{ij} と $v_{i+1,j}$ を結ぶ辺で同一視し，$F_{ij}, F_{i,j+1}$ を共通のラベルがついた v_{ij} と $v_{i,j+1}$ を結ぶ辺で同一視する．いずれも添字については 4 を法として数える（図 2.48 参照）．

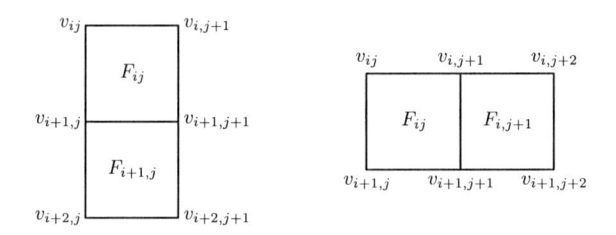

図 2.48　貼合せ規則

えられる図形は，16 枚の正 4 角形からなり，各頂点では 4 枚の 4 角形が集まる．シュレフリ記号が $\{4,4\}$ の正多面体とよぶにふさわしい図形であり，S で表す（図 2.49 参照）．

S のオイラー標数は，

$$\chi(S) = 16 - 16 \times 4/2 + 16 \times 4/4 = 0$$

であり，トポロジーは球面とは異なる．したがって凸多面体の境界として実現することは不可能である．

一方 S は $\mathbb{R}^8$ 内の多面体として実現できる．これを確かめよう．8 次元ユークリッド空間 $\mathbb{R}^8$ の単位ベクトルを $e_1, e_2, e_3, e_4, f_1, f_2, f_3, f_4$ とおく．S の頂点 v_{ij} の $\mathbb{R}^8$ での置き場所を位置ベクトル $v_{ij} = e_i + f_j$ で表す．このと

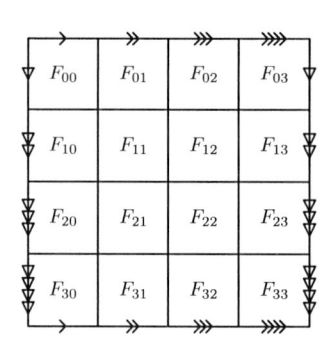

図 2.49 四角トーラス

き F_{ij} が埋め込まれる $\mathbb{R}^8$ の部分空間は $e_{i+1} - e_i, f_{j+1} - f_j$ で張られる平面を $e_i + f_j$ 平行移動してえられる平面に含まれる正方形として実現されている.

演習問題 2.4.19. 正 3 角形を用いて, シュレフリー記号 $\{3, 6\}, \{6, 3\}$ を実現する正多面体を構成せよ.

つぎに, シュレフリ記号 $\{5, 4\}$ を実現する多面体の実現に挑戦してみよう. しかしながら 5 角形が主役のため, 前例のようにユークリッド空間内に頂点の座標を明示して構成するのは難しく, 抽象的組合せ論に徹する.

例 2.4.20 (ペンタゴン). $\{1, 2, 3, 4, 5\}$ の円順列のメンバーを $(i_1 i_2 i_3 i_4 i_5)$ で表す, ただし $\{i_1, i_2, i_3, i_4, i_5\} = \{1, 2, 3, 4, 5\}$ である. 円順列なので, メンバーが巡回しても同じものと見なす. すなわち

$$(i_1, i_2, i_3, i_4.i_5) = (i_2, i_3, i_4, i_5.i_1) = (i_3, i_4, i_5, i_1.i_2)$$
$$= (i_4, i_5, i_1, i_2.i_3) = (i_5, i_1, i_2, i_3.i_4)$$

である. このような円順列の総数は $(5-1)! = 24$ である. そこで 24 枚の合同な正 5 角形を用意し, 各々に互いに異なる円順列を対応させる.

順列の長さは 5 で奇数なので, 順列を置換と見なしたときの偶奇を対応させる $\{+, -\}$ への写像は, 円順列からの写像に落ち, 偶置換および奇置換に相当する円順列がそれぞれ 12 個ずつある.

2.4 多面体

円順列 $(i_1i_2i_3i_4i_5)$ に対してラベルを 2 巡させ，最初から二つずつに区切って

$$(i_1i_2),\ (i_3i_4),\ (i_5i_1),\ (i_2i_3),\ (i_4i_5)$$

という五つのラベルを用意し，奇置換が振られた 5 角形にはこれを辺に半時計回りに，偶置換が振られた 5 角形には時計回りにつける（図 2.50 参照）.

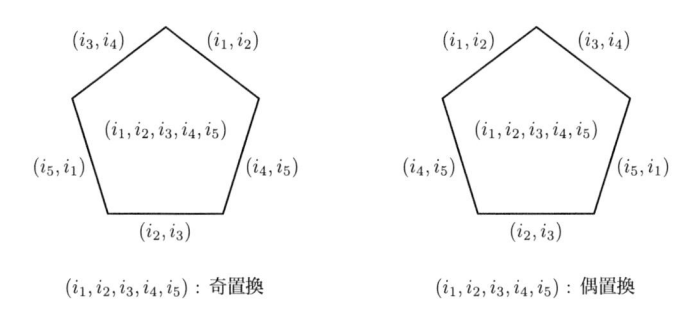

図 2.50 ペンタゴンのラベル

貼合せルールはつぎである．互換 (i_1i_2) でうつり合うラベルがついた二つの 5 角形，すなわち表示を円順列の許容範囲内で標準化したとき $(i_1i_2i_3i_4i_5)$ と $(i_2i_1i_3i_4i_5)$ が付された 5 角形を，(i_1i_2) というラベルがついた辺で向きが適合するように貼り合わせる（図 2.51 参照）．このルールにより，同じラベルがついた辺が連続的につながる．また，一つの頂点に四つの 5 角形が集まることも直ちにしたがう．

これにより，シュレフリ記号 $(5,4)$ の図形 P がえられる．P はペンタゴンと名づけるのがふさわしい．そのオイラー標数は

$$24 - 24 \times 5/2 + 24 \times 5/4 = -6$$

で，種数は 4 である．

ところで，図 2.52 に描画した十二・十二多面体 (Dodecadodecahedron) とよばれる多面体をやや拡張した図形がある．これは 12 枚の正 5 角形と 12 枚の星形 5 角形からなる，面が自己交差をもつ図形で，各頂点に 2 枚の 5 角形と 2 枚の星形 5 角形が集まる．星形 5 角形を 5 角形の中心を分岐させて 2 重に被覆させた像だと思うと，ペンタゴンから 12 個の 2 重分岐点をもつはめ込

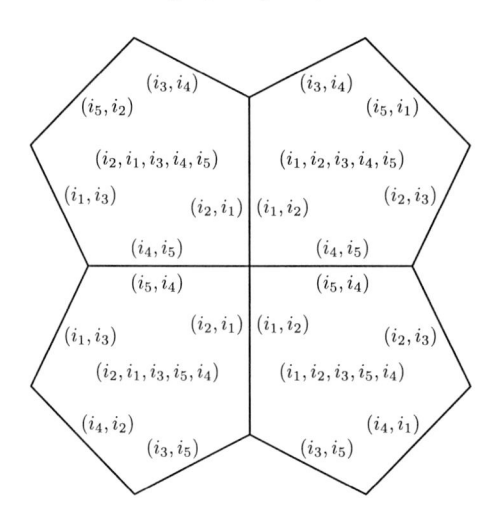

図 2.51 ペンタゴンの貼合せ

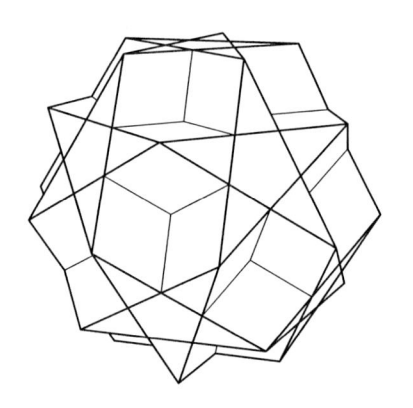

図 2.52 十二・十二多面体

みが構成でき，この多面体はペンタゴンを理解するのに有用である．

一方，正多面体という縛りを忘れて，たとえばユークリッド正 5 角形を 24 枚布で用意しルールにしたがって貼り合わせると，図 2.53 のようなオブジェがえられる．

コメント **2.4.21.** そもそもペンタゴンは，等辺 5 角形のモジュライとして現

図 2.53 ペンタゴン

れた双曲曲面であり，組合せ的には上記の説明で十分だが，モジュライとしてのより詳細な記述が可能である．詳しくは拙著 *9) あるいは拙記事 *10) を参照いただきたい．

このオブジェを実際作成したのは家内である．ある日思い立ち，裁縫に長けている家内に型紙を渡し，娘にコーディングをしてもらい一晩かかって完成した．ペンタゴンの種数は 4 なので，それを意識して大きな 5 角形を用意したのだが，でき上がってみるとその豊富な対称性のためオブジェそのもののサイズは元の 5 角形とほぼ同じになり，24 枚がたいへん複雑に入り組んでいる．四つの穴が特定できるような形状ではなく，いろいろな方向にいくらでも限りなくひっくり返せるたいへん面白い，トポロジーらしく柔らかい数学的オブジェである．

ペンタゴンに関する話題を三つ記しておく．2010 年 3 月に開催された Autumn Winter 2010 パリコレクションで，ISSEY MIYAKE が Poincaré Odyssey と題し数学をテーマにファッションショーを展開した．事の始まりは 2007 年に NHK スペシャルで放映されたポアンカレ予想解決を取材した番組

---

*9) 小島定吉：『多角形の現代幾何学　増補版』牧野書店，1999 年．
*10) 小島定吉：「多角形のモジュライと双曲構造」数学のたのしみ 28, 日本評論社，2001 年．

だが，この番組の取材記[*11)]が発端となり，ペンタゴンが ISSEY MIYAKE のパリコレチームの後押しをした．また，2010 年夏にインドで開催された世界数学者会議 ICM では，日本数学会がブースを出したが，そこにペンタゴンを出展させていただき好評をえた．これらに意を強くして家内が意匠登録を申請したところ，オリジナリティーが認められ，色違いで 2 件，なぜか学習教材として意願 2010-28823 および 意願 2012-28824 で登録された．とはいえ，たいへん面白いオブジェなので多くの方に自由に作っていただきたい．

[*11)] 春日真人：『NHK スペシャル 100 年の難問はなぜ解けたのか——天才数学者の光と影』（新潮文庫）新潮社，2011 年．

第3章
初等整数論

CHAPTER 3

ガウスは「数学は科学の女王であり，整数論は数学の女王である」といったという．ここで女王とは，美しいだけでなく近づき難く，世俗からはかけ離れた存在であることの比喩である．代数方程式

$$x^n + y^n = z^n$$

は，$n \geq 3$ のとき $(0,0,0)$ のような明らかな解以外の整数解が存在しないとことを主張するフェルマーの大定理は350余年を経てワイルズ・テイラーにより1994年に解決されたが，その証明は，まさに孤高の壮大な理論から導かれていて，ガウスの至言はいまだ健在である．

一方で，今日のネットワーク上の通信の安全性を確保する暗号には，初等整数論や，より高度な代数的整数論や数論幾何のアイデアが満載されている．離散対数問題の計算論的複雑さを根拠にしたRSA暗号や楕円曲線暗号という言葉を耳にした読者は多いに違いない．とくにダイナミカルな安全性の確保の研究は現代数学の進展と切り離すことはできない．確かに女王は近づき難い存在なのだが，今日ではじつは知らないところでたいへんお世話になっているのである．

本章は，初等整数論とコンピュータサイエンスの結びつきの一端として，あたえられた自然数が素数か否かを判定する素数判定問題に焦点をあてる．そして，初等整数論の純数学的な研究が素数判定問題に対しいかに有効な手段を提供しているかを紹介する．

3.1　1次合同方程式

この節では，合同式について復習し，1次合同式の解法を記す.

定義 3.1.1. 自然数 N を一つ指定する. $a, b \in \mathbb{Z}$ は，

$$N|(a-b)$$

をみたすとき N を法として合同といい，

$$a \equiv b \mod N$$

で表す. 記号を再確認するが，$N|(a-b)$ は N が $a-b$ の約数であることを意味した. このような $\equiv$ で結ばれる式を合同式とよぶ.

N を法として合同という関係は同値関係であることが容易に確かめられる. また，数の間の等式と同様に，合同式に関してもいろいろな代数的計算が可能である.

補題 3.1.2 (合同式の和と積). $a \equiv a' \mod N$, $b \equiv b' \mod N$ のとき,
  1) $a \pm b \equiv a' \pm b' \mod N$
  2) $ab \equiv a'b' \mod N$

証明. 定義より $N|(a-a')$, $N|(b-b')$ である. 両式の両側を加減すると $N|((a-a') \pm (b-b'))$ で，$|$ の右側は $(a \pm b) - (a' \pm b')$ に等しい. これより 1) が分かる.

2) を示すため，条件を $a = a' + kN, b = b' + lN$ と書き直す. 両式の両辺をかけると

$$ab = a'b' + (a'l + b'k + klN)N$$

これより 2) が分かる. $\square$

補題 3.1.2 により，合同式は移項したり，法を変えずに両辺に同じ数をかけたりすることができる．

合同式での割り算は微妙だが，たとえば両辺と法を一斉に公約数で割ることはでき，またその逆も正しい．すなわち，

補題 3.1.3 (公約数による商)．　自然数 d が a, b, N の公約数であるとき，$a \equiv b \mod N$ であることと $a/d \equiv b/d \mod N/d$ であることは同値．

証明． $N|(a-b)$ であれば，両側を d で割ると $(N/d)|(a/d - b/d)$ なので，

$$a/d \equiv b/d \mod N/d$$

が成り立つ．逆に $a/d, b/d, N/d \in \mathbb{Z}$ で $N/d|(a/d - b/d)$ とすると，両側に d をかければ $N|(a-b)$．　□

合同式の法は簡略化できる．

補題 3.1.4 (法の簡略化)．　$a \equiv b \mod MN$ ならば $a \equiv b \mod M$ かつ $a \equiv b \mod N$．さらに $(M, N) = 1$ ならば逆も成り立つ．

証明． $MN|(a-b)$ ならば $M|(a-b)$ かつ $N|(a-b)$ なので，前半は明らか．逆に $M|(a-b)$ かつ $N|(a-b)$ とし，$(a-b) = Mc$ と表すと，$N|(a-b)$ より $N|Mc$ である．ここでさらに $(N, M) = 1$ とすると補題 1.2.5 から $N|c$ なので，$a - b = Mc = MNd$ と表せる．したがって $MN|(a-b)$ である．　□

補題 3.1.5. つぎが成立する．
1) p を素数とすると，$ab \equiv 0 \mod p$ ならば $a \equiv 0 \mod p$ または $b \equiv 0 \mod p$．
2) (合同式の割り算) $(c, N) = 1$ のとき，$ac \equiv bc \mod N$ ならば $a \equiv b \mod N$．

証明． 1) は補題 1.2.6 の言い換えである．2) については，仮定から $N|c(a-b)$

でかつ $(c, N) = 1$ なので，補題 1.2.5 より $N|(a-b)$. □

定理 3.1.6. x を変数とする合同式による方程式
$$ax \equiv b \mod N$$
は，$(a, N)|b$ のとき解をもつ．とくに $(a, N) = 1$ のときは常に解がある．

証明. $ax \equiv b \mod N$ の解をもとめるという問題は，$ax - b = Ny$ をみたす整数 x, y をもとめる，すなわち不定方程式 $ax - Ny = b$ の整数解をもとめるという問題と同じなので，定理 1.2.4 から直ちに分かる． □

例 3.1.7. いろいろな変形操作を使って，合同方程式
$$42x \equiv 24 \mod 51$$
を具体的に解いてみる．まず $42 = 2 \cdot 3 \cdot 7, 24 = 2^3 \cdot 3, 51 = 3 \cdot 17$ は 3 を共通因子にもつので，全項を 3 で割ると
$$14x \equiv 8 \mod 17$$
そこで自明な合同式 $17x \equiv 17 \mod 17$ から両辺を引くと
$$3x \equiv 9 \mod 17$$
さらに $(3, 17) = 1$ だから両辺を 3 で割って
$$x \equiv 3 \mod 17$$

演習問題 3.1.8. つぎを解け．
1) $7x \equiv 2 \mod 11$
2) $123x \equiv 7 \mod 42$
3) $39x \equiv 27 \mod 63$

連立 1 次合同式については，つぎの命題が有用である．

定理 3.1.9 (中国の剰余定理). $N_1, N_2, \cdots, N_k$ を自然数とし，任意の $i \neq j$ に対して $(N_i, N_j) = 1$ とする．$a_1, a_2, \cdots, a_k \in \mathbb{Z}$ に対し，連立合同方程式

$$x \equiv a_i \mod N_i, \quad i = 1, 2, \cdots, k$$

は解をもち，解は積 $N_1 N_2 \cdots N_k$ を法として合同である．

証明． $M = N_1 N_2 \cdots N_k, M_j = M/N_j$ とおく．$(M_j, N_j) = 1$ なので，定理 3.1.6 により $M_j x \equiv a_j \mod N_j$ は解 d_j をもつ．この d_j を使って $d = M_1 d_1 + M_2 d_2 + \cdots + M_k d_k$ とおけば，これは連立合同方程式の解であることが分かる．

一方，他の解と M を法として合同であることは，補題 3.1.4 の逆のパートを繰り返し使えば分かる． □

この命題の応用例は，次節以降で何回か挙げる．

3.2 巡回群の乗法群

群 G とは，集合 G の上に結合法則をみたす二項演算が定義されており，単位元の存在と逆元の存在が保証された代数系であった．1.3 節では数え上げ対象の対称性を記述する代数系として群を用いたが，本節では，整数からなる加法群 $\mathbb{Z}$ から導かれる有限巡回群の性質に注目する．少し用語を復習しておく．群 G の位数とは，G の要素の個数のことであった．また元 $a \in G$ の位数とは，a^n が単位元になるような正の n の最少数のことである．補題 1.3.11 を a が生成する部分群に適用すると，$a \in G$ の位数は G の位数の約数であることが分かる．

整数の集合 $\mathbb{Z}$ は加法に関してアーベル群，すなわち任意の $a, b \in \mathbb{Z}$ に対して

$$a + b = b + a$$

が成り立つ群である．自然数 N に対し，$\mathbb{Z}$ の部分群

$$N\mathbb{Z} = \{Nn \,;\, n \in \mathbb{Z}\}$$

による剰余群 $\mathbb{Z}/N\mathbb{Z}$ は位数 N の巡回群で，やはりアーベル群である．その要素の記法はいろいろあるが，本書では，おそらく混乱は生じないことと，さらに記号を簡略にするため，$\mathbb{Z}$ の元 n は，同時に $\mathbb{Z}/N\mathbb{Z}$ の n を含む剰余類を表すことにする．たとえば $\mathbb{Z}/N\mathbb{Z}$ では，任意の $k \in \mathbb{Z}$ に対して $n = n + kN$ である．許されない表示のようだが慣れればむしろ扱いやすい．こう約束すると，たとえば

$$\mathbb{Z}/N\mathbb{Z} = \{0, 1, \cdots, N-1\}$$

とも表示できる．

例 3.2.1. $N = 2$ のとき，$\mathbb{Z}/2\mathbb{Z} = \{0, 1\}$ であり，演算結果を $\{0, 1\}$ のみを使って群表にすると，表 3.1 になる．

表 3.1 $\mathbb{Z}/2\mathbb{Z}$ の群表

+	0	1
0	0	1
1	1	0

これは論理の排他的論理和の表と一致する．一般の N の場合の群表は表 3.2 となる．

表 3.2 $\mathbb{Z}/N\mathbb{Z}$ の群表

+	0	1	2	$\cdots$	N-1
0	0	1	2	$\cdots$	N-1
1	1	2	3	$\cdots$	0
2	2	3	4	$\cdots$	1
$\vdots$	$\vdots$	$\vdots$	$\vdots$	$\ddots$	$\vdots$
N-1	N-1	0	1	$\cdots$	2N-2

定義 3.2.2 (群の直積)．G, H を群とするとき，それらの直積集合 $G \times H$ には，$a, a' \in G, b, b' \in H$ に対して

$$(a, b) \cdot (a', b') = (aa', bb')$$

により積を定義すると群の構造が入る．この群を G と H の直積とよび，同じ記号 $G \times H$ で表す．G, H がアーベル群のときは $G \oplus H$ と表すことも多いが，本書では使わない．

例 3.2.3. 自然数 M, N が $(M, N) = 1$ のとき，

$$\mathbb{Z}/M\mathbb{Z} \times \mathbb{Z}/N\mathbb{Z} \simeq \mathbb{Z}/MN\mathbb{Z} \tag{3.1}$$

である．この事実はアーベル群の基本定理の特別な場合であるが，ここでは後の議論のため，中国の剰余定理を用いた証明をあたえる．

証明． 整数 $x \in \mathbb{Z}$ に対して，x を M で割ったときの剰余 $x_M \in \mathbb{Z}/M\mathbb{Z}$ と N で割ったときの剰余 $x_N \in \mathbb{Z}/N\mathbb{Z}$ の組 (x_M, x_N) を対応させる写像を

$$f : \mathbb{Z} \to \mathbb{Z}/M\mathbb{Z} \times \mathbb{Z}/N\mathbb{Z}$$

とする．f が準同型であることは演算の定義から容易に確かめられる．また定理 3.1.9 (中国の剰余定理) より全射で，さらに

$$\mathrm{Ker}\, f = MN\mathbb{Z}$$

であることが分かる．したがって群論における基本定理である群の準同型定理から (3.1) が成り立つ． □

M, N が互いに素とは限らない場合，$\mathbb{Z}/M\mathbb{Z} \times \mathbb{Z}/N\mathbb{Z}$ の群としての構造の理解は，いろいろな場面で有用である．例 3.2.7 で結論を記すが，その説明のための補題を一つ挙げる．

まったく一般に，A, B, C をアーベル群，$g : A \to B, f : B \to C$ を準同型とするとき，アーベル群の準同型の列

$$0 \longrightarrow A \xrightarrow{g} B \xrightarrow{f} C \longrightarrow 0 \tag{3.2}$$

が短完全列であるとは，g は単射，f は全射，$\mathrm{Ker}\, f = \mathrm{Im}\, g$ の 3 条件をみたすときとする．

例 3.2.4. アーベル群 A, B の間に全射準同型 $f : A \to B$ があるとき，$\mathrm{Ker}\, f$ の A への包含写像を $\iota : \mathrm{Ker}\, f \to A$ とおけば，

$$0 \longrightarrow \mathrm{Ker}\, f \overset{\iota}{\longrightarrow} A \overset{f}{\longrightarrow} B \longrightarrow 0$$

は短完全列である．

補題 3.2.5. アーベル群の短完全列 (3.2) について，f の逆方向への準同型写像

$$s : C \to B$$

として $f \circ s = \mathrm{id}_C$ をみたすものが存在するとき，B は $A \times C$ に同型である（このような写像 s は短完全列の分解とよばれ，分解をもつ短完全列は分解するという）．

証明． 短完全列と分解の定義により，B の二つの部分群 $\mathrm{Im}\, g \simeq A$ と $s(C) \simeq C$ の共通部分は $\{e\}$ に限る．また，B がアーベル群なので，$g(A)$ の元と $s(C)$ の元はもちろん可換である．このとき $a \in g(A), c \in s(C)$ に対して $ac \in B$ を対応させる写像を $f : g(A) \times s(C) \to B$ とすると，容易に全単射準同型であることが確かめられ，したがって同型になる． □

例 3.2.6. 短完全列はいつでも分解をもつ訳ではない．たとえば

$$0 \longrightarrow \mathbb{Z} \overset{\times N}{\longrightarrow} \mathbb{Z} \overset{\pi}{\longrightarrow} \mathbb{Z}/N\mathbb{Z} \longrightarrow 0 \tag{3.3}$$

は分解しない．ただし π は自然な射影．

例 3.2.7. 例 3.2.3 において M, N が必ずしも互いに素でないとき，

$$\mathbb{Z}/M\mathbb{Z} \times \mathbb{Z}/N\mathbb{Z} \simeq \mathbb{Z}/(M,N)\mathbb{Z} \times \mathbb{Z}/\frac{MN}{(M,N)}\mathbb{Z}$$

なる同型が成り立つ．これを補題 3.2.5 を使って証明する．

証明． $x \in \mathbb{Z}/N\mathbb{Z}$ に対して $x \in \mathbb{Z}/(N,M)\mathbb{Z}$ を対応させる写像は代表元のとり方によらず矛盾なく定義される全射準同型である．これを f_N で表す．同様な写像 f_M も定義できる．このとき写像 $f\colon \mathbb{Z}/N\mathbb{Z} \times \mathbb{Z}/M\mathbb{Z} \to \mathbb{Z}/(N,M)\mathbb{Z}$ を

$$f(x,y) = f_N(x) - f_M(y)$$

として定義する．f_N, f_M は全射準同型なので，f も全射準同型である．また $(1,1) \in \mathbb{Z}/N\mathbb{Z} \times \mathbb{Z}/M\mathbb{Z}$ は $\operatorname{Ker} f$ に含まれ，その位数は N と M の最小公倍数 $\frac{NM}{(N,M)}$ である．したがって $(1,1)$ は位数 $\frac{NM}{(N,M)}$ の巡回部分群 C を生成する．他方，位数を比較することによりこの巡回部分群 C は $\operatorname{Ker} f$ に一致することが分かる．そこで $n \in \mathbb{Z}/\frac{NM}{(N,M)}\mathbb{Z} \simeq C$ に $(n,n) \in \mathbb{Z}/N\mathbb{Z} \times \mathbb{Z}/M\mathbb{Z}$ を対応させる準同型を g とすると，アーベル群の短完全列

$$0 \longrightarrow \mathbb{Z}/\frac{NM}{(N,M)}\mathbb{Z} \xrightarrow{g} \mathbb{Z}/N\mathbb{Z} \times \mathbb{Z}/M\mathbb{Z} \xrightarrow{f} \mathbb{Z}/(N,M)\mathbb{Z} \longrightarrow 0 \qquad (3.4)$$

がえられる．

$(N,M) > 1$ のとき，$f^{-1}(1) = \{(x+1, x) \in \mathbb{Z}/N\mathbb{Z} \times \mathbb{Z}/M\mathbb{Z} \,;\, x \in \mathbb{Z}\}$ の中に位数が (N,M) の要素があれば，f の像の生成元 $1 \in \mathbb{Z}/(N,M)\mathbb{Z}$ にその要素を対応させ準同型に拡張することにより短完全列 (3.4) の分解がえられ，補題 3.2.5 により，短完全列の中央の群は左右の群の直積に同型となる．そこでつぎの同値な連立合同方程式

$$\begin{cases} (N,M)(x+1) \equiv 0 \mod N \\ (N,M)x \equiv 0 \mod M \end{cases} \iff \begin{cases} x \equiv -1 \mod N/(N,M) \\ x \equiv 0 \mod M/(N,M) \end{cases}$$

を考える．右側の合同方程式は，$N/(M,N)$ と $M/(N,M)$ が互いに素なので中国の剰余定理により解が存在する．その解を x_0 としたとき，左側の合同方程式から $(x_0+1, x_0) \in \mathbb{Z}/N\mathbb{Z} \times \mathbb{Z}/M\mathbb{Z}$ の位数は (N,M) の約数 D となる．$D < (N,M)$ とすると，x_0 は連立合同方程式

$$\begin{cases} D(x+1) \equiv 0 \mod N \\ Dx \equiv 0 \mod M \end{cases} \iff \begin{cases} x \equiv -1 \mod N/D \\ x \equiv 0 \mod M/D \end{cases}$$

の解になるが，$(N/D, M/D) > 1$ より右側の合同方程式には解がないことが容易に分かる．したがって (x_0+1, x_0) の位数は (N, M) である． □

$\mathbb{Z}$ には乗法も定義されている．そこで，$a, b \in \mathbb{Z}/N\mathbb{Z}$ に対して積 ab を $ab \in \mathbb{Z}$ を含む N の剰余類として定義することにより，$\mathbb{Z}/N\mathbb{Z}$ にも乗法が定義され，$\mathbb{Z}/N\mathbb{Z}$ は可換環になる．一方，乗法に関して逆元をもつ要素は限られる．そこで乗法に関して逆元をもつ $\mathbb{Z}/N\mathbb{Z}$ の部分集合を

$$(\mathbb{Z}/N\mathbb{Z})^{\times}$$

で表す．$(\mathbb{Z}/N\mathbb{Z})^{\times}$ の乗法に関しての結合法則，単位元の存在および演算の可換性は，$\mathbb{Z}$ 上のかけ算がもっている性質からしたがい，また逆元の存在は定義により直ちにしたがう．この群を $\mathbb{Z}/N\mathbb{Z}$ の乗法群とよぶ．

定理 3.2.8. 乗法群 $(\mathbb{Z}/N\mathbb{Z})^{\times}$ は，集合として

$$\{a \in \mathbb{Z}/N\mathbb{Z} ; (a, N) = 1\}$$

に等しい．

証明． $a \in \mathbb{Z}/N\mathbb{Z}$ の積に関する逆元の存在は，

$$ax \equiv 1 \mod N$$

という合同方程式の解の存在に同値であり，したがって定理 3.1.6 により，$(a, N) = 1$ と同値． □

例 3.2.9. $N = 5$ のとき，$(\mathbb{Z}/5\mathbb{Z})^{\times} = \{1, 2, 3, 4\}$ であり，その群表は図 3.3 であたえられる．

$(\mathbb{Z}/5\mathbb{Z})^{\times}$ は，位数が 4 で，しかもたとえば $2^1 = 2, 2^2 = 4, 2^3 = 3, 2^4 = 1$ より位数 4 の要素を含むので，$\mathbb{Z}/4\mathbb{Z}$ に同型である．

$N = 12$ のとき，$(\mathbb{Z}/12\mathbb{Z})^{\times} = \{1, 5, 7, 11\}$ であり，その群表は表 3.4 であたえられる．$(\mathbb{Z}/12\mathbb{Z})^{\times}$ は，位数が 4 だが，任意の要素の位数が 2 なので，

3.2 巡回群の乗法群

表 3.3 $(\mathbb{Z}/5\mathbb{Z})^\times$ の群表

×	1	2	3	4
1	1	2	3	4
2	2	4	1	3
3	3	1	4	2
4	4	3	2	1

表 3.4 $(\mathbb{Z}/12\mathbb{Z})^\times$ の群表

×	1	5	7	11
1	1	5	7	11
5	5	1	11	7
7	7	11	1	5
11	11	7	5	1

$\mathbb{Z}/2\mathbb{Z} \times \mathbb{Z}/2\mathbb{Z}$ に同型である.

定理 3.2.10 (オイラーの定理). $a \in (\mathbb{Z}/N\mathbb{Z})^\times$ のとき,

$$a^{\varphi(N)} \equiv 1 \mod N$$

が成り立つ. ここで $\varphi : \mathbb{N} \to \mathbb{N}$ はオイラー関数.

証明. $(\mathbb{Z}/N\mathbb{Z})^\times$ の要素 x に左から a をかけるという操作は, $(\mathbb{Z}/N\mathbb{Z})^\times$ の全単射を定義することが容易に分かる. そこで $(\mathbb{Z}/N\mathbb{Z})^\times$ の要素を並べた集合を $\{x_1, x_2, \cdots, x_{\varphi(N)}\}$ とすると,

$$\{ax_1, ax_2, \cdots, ax_{\varphi(N)}\} = \{x_1, x_2, \cdots, x_{\varphi(N)}\},$$

とくに両集合の各要素をすべてかければ

$$a^{\varphi(N)} x_1 x_2 \cdots x_{\varphi(N)} \equiv x_1 x_2 \cdots x_{\varphi(N)} \mod N$$

が成り立つ. さらに $(x_1 x_2 \cdots x_{\varphi(N)}, N) = 1$ なので, 定理の合同式がえられる.
□

系 3.2.11 (フェルマーの小定理). p を素数, $(a,p) = 1$ とする. このとき
$$a^{p-1} \equiv 1 \mod p$$
が成り立つ.

証明. $a \in (\mathbb{Z}/p\mathbb{Z})^\times$ および $\varphi(p) = p-1$ より, この命題はオイラーの定理の特別な場合である. □

複素数体上の多項式 $= 0$ の形で定義される代数方程式の解は, 重複度を込めて多項式の次数だけあることが代数学の基本定理として知られている. 対応する合同方程式に対する命題は以下のようになる.

定理 3.2.12. p を素数とし, $f(x)$ を最高次の係数が p の倍数ではない整数係数の n 次多項式とする. このとき
$$f(x) \equiv 0 \mod p$$
の解の個数は高々 n 個である.

証明. 次数 n に関する帰納法で示す. まず, $n = 1$ のときは容易. $f(x) \equiv 0 \mod p$ が解 α をもつとき, $f(x) \equiv (x - \alpha)g(x) \mod p$ であり, さらに p は素数なので, f の α 以外の解はすべて $g(x) \equiv 0 \mod p$ の解. したがって帰納法が働く. □

コメント 3.2.13. 定理 3.2.12 における「高々 n 個」という主張は, 代数学の基本定理における「重複を込めて n 個」という主張より真に弱い. たとえば, 2 次合同方程式 $x^2 + x + 1 \equiv 0 \mod 2$ は解をもたない.

定理 3.2.12 を応用して素数位数の巡回群の乗法群は巡回群であることを示す.

定理 3.2.14. p を素数とするとき, $(\mathbb{Z}/p\mathbb{Z})^\times \simeq \mathbb{Z}/(p-1)\mathbb{Z}$.

証明. $(\mathbb{Z}/p\mathbb{Z})^\times$ は位数 $p-1$ のアーベル群である. そこで $a \in (\mathbb{Z}/p\mathbb{Z})^\times$ を位数が最大の元とし, その位数を N とする. $N < p-1$ と仮定して矛盾を導く.

$1, a, a^2, \cdots, a^{N-1}$ は, $x^N - 1 \equiv 0 \mod p$ の N 個の解であり, 定理 3.2.12 によりこの方程式の解はこれらで尽きる. したがって $b \neq a^k$ ($k = 0, 1, \cdots, N-1$) となる $\mathbb{Z}/p\mathbb{Z}$ の元の位数 M (≥ 2) は, N の約数ではない. このとき a と b は $\mathbb{Z}/N\mathbb{Z} \times \mathbb{Z}M\mathbb{Z}$ と同型な部分群を生成する. 一方,

$$\mathbb{Z}/N\mathbb{Z} \times \mathbb{Z}/M\mathbb{Z} \simeq \mathbb{Z}/(N,M)\mathbb{Z} \times \mathbb{Z}/\frac{NM}{(N,M)}\mathbb{Z}.$$

右辺は, $(\mathbb{Z}/p\mathbb{Z})^\times$ が位数 $NM/(N,M) > N$ の元をもつことを示す. これは N が最大の位数であったことに反する. □

例 3.2.15. $(\mathbb{Z}/p\mathbb{Z})^\times \simeq \mathbb{Z}/(p-1)\mathbb{Z}$ の各元の位数を $p = 2, 3, 5, 7, 11, 13, 17$ の場合に列挙すると表 3.5 のようになる.

表 3.5 位数表

p \ 元	1	2	3	4	5	6	7	8	9	10	11	12	13	14	15	16
2	1	-	-	-	-	-	-	-	-	-	-	-	-	-	-	-
3	1	2	-	-	-	-	-	-	-	-	-	-	-	-	-	-
5	1	4	4	2	-	-	-	-	-	-	-	-	-	-	-	-
7	1	3	6	3	6	2	-	-	-	-	-	-	-	-	-	-
11	1	10	5	5	5	10	10	10	5	2	-	-	-	-	-	-
13	1	12	3	6	4	12	12	4	3	6	12	2	-	-	-	-
17	1	8	16	4	16	16	16	8	8	16	16	16	4	16	8	2

つぎの定理は, 定理 3.2.14 を拡張し $\mathbb{Z}/N\mathbb{Z}$ の乗法群が巡回群になるための特徴付けをあたえる.

定理 3.2.16. $(\mathbb{Z}/N\mathbb{Z})^\times$ が巡回群になるための必要十分条件は, $N = 2, 4, p^e, 2p^e$, ただし p は奇素数で $e \geq 1$.

この証明のために例 3.2.3 の同型を思い出す.すなわち自然数 M, N が互いに素のとき,

$$\mathbb{Z}/MN\mathbb{Z} \simeq \mathbb{Z}/M\mathbb{Z} \times \mathbb{Z}/N\mathbb{Z}$$

が成り立つ.この証明で使った写像は,アーベル群の準同型であるだけでなく環の準同型でもある.したがって乗法群の間の同型

$$(\mathbb{Z}/MN\mathbb{Z})^\times \simeq (\mathbb{Z}/M\mathbb{Z} \times \mathbb{Z}/N\mathbb{Z})^\times$$

を導く.一方,右辺は

$$(\mathbb{Z}/M\mathbb{Z} \times \mathbb{Z}/N\mathbb{Z})^\times \simeq (\mathbb{Z}/M\mathbb{Z})^\times \times (\mathbb{Z}/N\mathbb{Z})^\times$$

であり,したがって乗法群が巡回群になるための条件をもとめるのは,N が素数ベキの場合の $(\mathbb{Z}/N\mathbb{Z})^\times$ の計算に帰着される.

最初に $p = 2$ の場合を扱う.$(\mathbb{Z}/2\mathbb{Z})^\times \simeq \{1\}$ および $(\mathbb{Z}/4\mathbb{Z})^\times \simeq \{\pm 1\}$ で,これらは確かに巡回群である.

補題 3.2.17. $e \geq 3$ のとき,

$$(\mathbb{Z}/2^e\mathbb{Z})^\times \simeq \mathbb{Z}/2\mathbb{Z} \times \mathbb{Z}/2^{e-2}\mathbb{Z}.$$

証明. $(\mathbb{Z}/2^e\mathbb{Z})^\times$ の元 n に $n \in (\mathbb{Z}/4\mathbb{Z})^\times \simeq \{\pm 1\}$ を対応させる写像

$$\varphi : (\mathbb{Z}/2^e\mathbb{Z})^\times \to (\mathbb{Z}/4\mathbb{Z})^\times \simeq \{\pm 1\}$$

は全射準同型である.したがって短完全列

$$0 \longrightarrow \mathrm{Ker}\,\varphi \stackrel{\iota}{\longrightarrow} (\mathbb{Z}/2^e\mathbb{Z})^\times \stackrel{\varphi}{\longrightarrow} (\mathbb{Z}/4\mathbb{Z})^\times \longrightarrow 0$$

がえられる.しかも $-1 \in (\mathbb{Z}/4\mathbb{Z})^\times \simeq \{\pm 1\}$ を $-1 \in (\mathbb{Z}/2^e\mathbb{Z})^\times$ に対応させる写像は φ の分解になっている.後は補題 3.2.5 から $\mathrm{Ker}\,\varphi$ が位数 2^{e-2} の巡回群であることを示せば十分である.

$\mathrm{Ker}\,\varphi$ は $(\mathbb{Z}/2^e\mathbb{Z})^\times$ の指数 2 の部分群なので,その位数は 2^{e-2} である.そこで天下りになるが,$5 \in \mathrm{Ker}\,\varphi$ の位数が 2^{e-2} であることを証明する.まず

$\operatorname{Ker}\varphi$ の位数は 2^{e-2} なので,5 の位数は 2^{e-2} の約数である.そこで

$$5^{2^n} = 1 + 2^{n+2}k \quad (k \text{ は奇数}) \tag{3.5}$$

と表されることを示す.実際これが分かれば,任意の $n < e-2$ に対し $5^{2^n} \not\equiv 0 \bmod 2^{e-2}$ なので,5 の位数は 2^{e-2} となり証明が完了する.

(3.5) の証明は帰納法による.$n = 0$ の場合は正しい.$n-1$ の場合正しいとして,

$$\begin{aligned}
5^{2^n} &= (5^{2^{n-1}})^2 \\
&= (1 + 2^{n+1}k)^2 \\
&= 1 + 2 \cdot 2^{n+1}k + (2^{n+1}k)^2 \\
&= 1 + 2^{n+2}(k + 2^{2n}k^2).
\end{aligned}$$

$k + 2^{2n}k^2$ は奇数なので帰納法が進む. □

補題 3.2.18. p が奇素数で $e > 1$ のとき

$$(\mathbb{Z}/p^e\mathbb{Z})^\times \simeq \mathbb{Z}/(p-1)p^{e-1}\mathbb{Z}.$$

証明. まず,(3.5) の類似として,p が奇素数で $(p, k_0) = 1$ のとき

$$(1 + pk_0)^{p^n} = 1 + p^{n+1}k_n, \quad \text{ただし } (k_n, p) = 1 \tag{3.6}$$

が成り立つことを示しておく.$n = 0$ の場合は自明.$n-1$ のときに正しいとして,p は奇素数なので

$$\begin{aligned}
(1 + pk_0)^{p^n} &= ((1 + pk_0)^{p^{n-1}})^p \\
&= (1 + p^n k_{n-1})^p \\
&= 1 + p \cdot p^n k_{n-1} + \binom{p}{2}(p^n k_{n-1})^2 + \cdots \\
&= 1 + p^{n+1}(k_{n-1} + p \text{ の倍数}).
\end{aligned}$$

したがって,最後の式の括弧の中を k_n とおけば帰納法が進行する.

さて，r を $(\mathbb{Z}/p\mathbb{Z})^\times \simeq \mathbb{Z}/(p-1)\mathbb{Z}$ の生成元とすると，$(p-1,p)=1$ なので，位数が $\varphi(p^e)=(p-1)p^{e-1}$ の乗法群 $(\mathbb{Z}/p^e\mathbb{Z})^\times$ における r の位数は $p-1$ を約数にもつ．そこで場合を二つに分ける．

$r^{p-1}=1+pk,\ (k,p)=1$ のとき，(3.6) より任意の $n<e-1$ について $r^{p-1}\not\equiv 0 \mod 2^e$．したがって r の位数は $(p-1)p^e$ となり，目一杯の位数を達成したので $(\mathbb{Z}/p^e\mathbb{Z})^\times$ は巡回群であることが分かる．

$r^{p-1}=1+p^v k,\ (k,p)=1,\ v\geq 2$ のときは，r を $r+p$ に置き換える．$r+p$ は依然として $(\mathbb{Z}/p\mathbb{Z})^\times$ の生成元であり，

$$(r+p)^{p-1} = r^{p-1} + (p-1)r^{p-2}p + \binom{p-1}{2}r^{p-3}p^2 + \cdots$$
$$\equiv 1 + (p-1)r^{p-2}p \mod p^2$$
$$= 1 + pk',$$

ただし $(k',p)=1$，として表されるので，前の議論に帰着される． □

定理 3.2.16 の証明． 十分性は補題 3.2.18 と $N=2,4$ の自明な場合と乗法群の直積分解から分かる．

必要性を確かめるため N は $2,4,p^e,2p^e$ のいずれでもないとする．補題 3.2.17 より $N=2^e\ (e\geq 3)$ のときは乗法群は巡回群ではないのでこれも除外する．すると $N=4q\ (q\text{ 奇数})$ か N は異なる素因子をもつ奇数となる．乗法群の直積分解から，これらの場合の乗法群は位数 2 の元を少なくとも二つもつ．したがって巡回群に同型にはならない． □

3.3 2 次合同方程式

3.1 節では 1 次合同方程式が解けるための条件，またその解法について論じた．この節のテーマは次数を一つ上げて，$a\not\equiv 0 \mod N$ とし，2 次の合同方程式

$$ax^2 + bx + c \equiv 0 \mod N \tag{3.7}$$

が解けるか,また解けるとすれば,どのように解けるかを論じる.まず例から始めよう.

例 3.3.1. $N=2$ の場合は状況がたいへん単純で,$a \not\equiv 0 \mod 2$ なので,そもそも対象となる2次合同式は四つしかない.0が方程式 (3.7) の解だとすると $c \equiv 0 \mod 2$,1 が方程式 (3.7) の解だとすると $a+b+c \equiv 0 \mod 2$ であり,解の個数は表 3.6 となり,すでにいろいろな場合が生じている.

表 3.6　$N=2$ の場合の解の個数

$b \backslash c$	0	1
0	1	1
1	2	0

例 3.3.2. 方程式を $x^2 \equiv k \mod N$ と単純化すると,$3 \leq N \leq 12$ の場合の解の個数は $k=0,1,2,3,4$ について表 3.7 のようになる.

表 3.7　解の個数

$k \backslash N$	3	4	5	6	7	8	9	10	11	12
$k=0$	1	2	1	1	1	2	3	1	1	2
$k=1$	2	2	2	2	2	4	2	2	2	4
$k=2$	0	0	0	0	2	0	0	0	0	0
$k=3$	-	0	0	1	0	0	0	0	2	0
$k=4$	-	-	2	2	2	2	2	2	2	4

2次方程式は複素数体上では,係数で割る(係数のかけ算に関する逆元をかける)という操作を用いて平方完成させ,解の公式を導いた.N が合成数の場合は,かけ算に関する逆元がないことがありえる.この問題を避けるため,p を素数とし,さらに平方完成させるには2で割る(2の逆元をかける)操作が

いるので，p を奇素数と仮定すると，

$$ax^2 + bx + c \equiv a(x^2 + a^{-1}bx) + c \mod p$$
$$\equiv a(x + (2a)^{-1}b)^2 + (4ac - b^2)(4a)^{-1} \mod p$$

と変形される．この形から，2次合同方程式の解をもとめる問題は，

$$x^2 \equiv a \mod p$$

という形の方程式の解をもとめる問題に帰着される．

定義 3.3.3 (ルジャンドル記号)．p を奇素数とする．$x^2 \equiv a \mod p$ が解をもつとき a は p の平方剰余，そうでないときは平方非剰余という．$a \not\equiv 0 \mod p$ であるとき，a が平方剰余であるか非剰余であるかにしたがって

$$\left(\frac{a}{p}\right) = +1 \text{ または } -1$$

とし，これをルジャンドル記号という．

コメント 3.3.4. $(\mathbb{Z}/p\mathbb{Z})^\times \simeq \mathbb{Z}/(p-1)\mathbb{Z} = \{1, g, g^2, \cdots, g^{p-2}\}$ の偶数ベキの元は平方剰余である．奇数ベキの元 g^{2k+1} が平方剰余だとすると，ある l を用いて g^l の自乗として表せ，$2k+1 \equiv 2l \mod p-1$ が成り立つはずだが，p は奇素数で $p-1$ は偶数なのでこれは無理．したがって奇数ベキは平方非剰余である．こうして $(\mathbb{Z}/p\mathbb{Z})^\times = \{1, 2, \cdots, p-1\}$ は $\dfrac{p-1}{2}$ 個の平方剰余および同数の平方非剰余に二等分される．

コメント 3.3.5. コメント 3.3.4 に記した通り，$(\mathbb{Z}/p\mathbb{Z})^\times$ の生成元を固定すると平方剰余および平方非剰余への分割はベキで二つに分かれるが，平方剰余は，$(\mathbb{Z}/p\mathbb{Z})^\times = \{1, 2, \cdots, p-1\}$ の要素を小さい順に半分並べた $1, 2, \cdots, (p-1)/2$ の平方でもあたえられる．これは $x^2 \equiv (x-p)^2 \mod p$ と平方剰余の個数が $\dfrac{p-1}{2}$ であることより，明らかだろう．

ルジャンドル記号は，つぎのように準同型写像と解釈することができる．

定理 3.3.6. p を素数とし,$a, b \not\equiv 0 \mod p$ とする.このとき
$$\left(\frac{ab}{p}\right) = \left(\frac{a}{p}\right)\left(\frac{b}{p}\right)$$
が成り立つ.とくに
$$\left(\frac{-}{p}\right) : (\mathbb{Z}/p\mathbb{Z})^\times \to \{\pm 1\}$$
は群の準同型である.

証明. $a, b \in (\mathbb{Z}/p\mathbb{Z})^\times = \{g^0, g^1, \cdots, g^{p-1}\}$ なので,$a = g^k, b = g^l$ とおく.左辺は $k + l \equiv 0 \mod 2$ のとき 1 で,それ以外は -1.一方,右辺は k, l の双方が偶数か奇数のとき 1 で,一方が偶数で他方が奇数のときは -1.これはいずれの場合も左辺に一致している. □

演習問題 3.3.7. つぎに答えよ.
1) 20 以下の素数 p に対し,$\mathrm{Ker}\left(\frac{-}{p}\right)$ の要素を小さい順に列挙せよ.
2) 2 が平方剰余となる 50 以下の素数 p を列挙せよ.

定理 3.3.8 (オイラーの基準).
$$\left(\frac{a}{p}\right) \equiv a^{\frac{p-1}{2}} \mod p.$$

証明. a が平方剰余であれば $(\mathbb{Z}/p\mathbb{Z})^\times = \{1, g, g^2, \cdots, g^{p-2}\}$ と表したとき $a = g^{2k}$ であり,とくにフェルマーの小定理より
$$a^{\frac{p-1}{2}} = g^{k(p-1)} = (g^{p-1})^k \equiv 1 \mod p$$
である.一方,平方非剰余であれば $a = g^{2k+1}$ で,また $g^{\frac{p-1}{2}}$ は $(\mathbb{Z}/p\mathbb{Z})^\times$ の位数 2 の元なので,
$$a^{\frac{p-1}{2}} = g^{k(p-1)} g^{\frac{p-1}{2}} = g^{\frac{p-1}{2}} \equiv -1 \mod p$$
である. □

平方剰余は，計算を簡略化するのに有効な相互法則がある．

定理 3.3.9. p, q を相異なる奇素数とするとき
1) （平方剰余の相互法則）
$$\left(\frac{p}{q}\right)\left(\frac{q}{p}\right) = (-1)^{\frac{p-1}{2}\frac{q-1}{2}}.$$
2) （第一補充法則）
$$\left(\frac{-1}{p}\right) = (-1)^{\frac{p-1}{2}}.$$
3) （第二補充法則）
$$\left(\frac{2}{p}\right) = (-1)^{\frac{p^2-1}{8}}.$$

これらの法則の意味は以下の通りである．

相互法則は，p, q のうち少なくとも一方が 4 を法として 1 であれば，
$$\left(\frac{p}{q}\right) = \left(\frac{q}{p}\right)$$
そうでないときは
$$\left(\frac{p}{q}\right) = -\left(\frac{q}{p}\right)$$
となることを意味する．第一補充法則は，$x^2 \equiv -1 \mod p$ に解があるための必要十分条件が $p \equiv 1 \mod 4$ であることを意味し，第二補充法則は，$x^2 \equiv 2 \mod p$ に解があるための必要十分条件が $p \equiv \pm 1 \mod 8$ であることを意味する．

例 3.3.10.
$$\left(\frac{17}{23}\right) = \left(\frac{23}{17}\right) = \left(\frac{6}{17}\right) = \left(\frac{2}{17}\right)\left(\frac{3}{17}\right) = \left(\frac{3}{17}\right) = \left(\frac{17}{3}\right) = \left(\frac{2}{3}\right) = -1.$$

演習問題 3.3.11. $\left(\dfrac{365}{1847}\right)$ をもとめよ．

補題 3.3.12 (ガウスの補題). $(a, p) = 1$ のとき, $a, 2a, \cdots, \dfrac{p-1}{2}a$ のうち, p で割ったときの剰余が $p/2$ より大きいものの個数を n とすると,
$$\left(\frac{a}{p}\right) = (-1)^n.$$

証明. $\mod p$ での剰余を $-(p-1)/2$ から $(p-1)/2$ の範囲に収めることにする. $a, 2a, \cdots, \dfrac{p-1}{2}a$ の p による剰余をこの範囲に取ると, n は, 負の剰余が生じる項の個数である. $a, 2a, \cdots, \dfrac{p-1}{2}a$ の剰余の集合は, $1, 2, \cdots, \dfrac{p-1}{2}$ のうち n 個にマイナスをつけた集合と一致するので,
$$a \cdot 2a \cdots \cdots \frac{p-1}{2}a \equiv (-1)^n \cdot 1 \cdot 2 \cdots \cdots \frac{p-1}{2} \mod p$$
が成り立つ. 左辺は $a^{\frac{p-1}{2}} 1 \cdot 2 \cdots \cdots \dfrac{p-1}{2}$ なので, 両辺を $1 \cdot 2 \cdots \cdots \dfrac{p-1}{2}$ で割ると
$$a^{\frac{p-1}{2}} \equiv (-1)^n \mod p$$
がえられる. 後はオイラーの基準より左辺は $p > 2$ を法として $\left(\dfrac{q}{p}\right)$ に合同で, しかも $\left(\dfrac{q}{p}\right)$ と $(-1)^n$ の双方が ± 1 に等しいことから分かる. □

第一補充法則の証明. これはオイラーの基準で $a = -1$ とすればよい. □

第二補充法則の証明. ガウスの補題で $a = 2$ とおく. $2, 4, \cdots, p-3, p-1$ の p による剰余はそのもので, その中で $p/2$ より大きいものの個数 n は, $1, 3, \cdots, p-2$ の中で $p/2$ より小さいものの個数, すなわち $p/2$ 以下の正の奇数の個数と一致する. 一方, n が偶数であるか奇数であるかが分かれば十分なので, 各奇数が $+1$ とカウントされるように 2 を法とする計算で
$$n \equiv 1 + 3 + \cdots + \frac{p-3}{2} \text{ または } \frac{p-1}{2} \mod 2$$
$$\equiv 1 + 2 + 3 + \cdots + \frac{p-1}{2} \mod 2$$
$$\equiv \frac{1}{2}\frac{p-1}{2}\left(\frac{p-1}{2} + 1\right) \mod 2$$

$$\equiv \frac{p^2-1}{8} \mod 2$$

となる. □

相互法則の証明. ガウスの補題により, $\left(\dfrac{q}{p}\right) = (-1)^n$ であるが, この n は $k, l \in \mathbb{Z}$ とするとき,

$$kp + \frac{p}{2} < lq < (k+1)p,$$

すなわち

$$k + \frac{1}{2} < \frac{lq}{p} < k+1$$

をみたす $1 \leq l \leq \dfrac{p-1}{2}$ の個数である. これは, 平面上の直線 $y = \dfrac{q}{p}x$ の $0 \leq x \leq p/2$ の部分を y 軸方向に $1/2$ 平行移動した軌跡としてえられる平行 4 辺形の内部に含まれる格子点の個数に一致している. 同様に, ガウスの補題による $\left(\dfrac{p}{q}\right) = (-1)^m$ における m は, 直線 $x = \dfrac{p}{q}y$ の $0 \leq y \leq q/2$ の部分を x 軸方向に $1/2$ 平行移動した軌跡としてえられる平行 4 辺形の内部に含まれる格子点の個数である (図 3.1 参照).

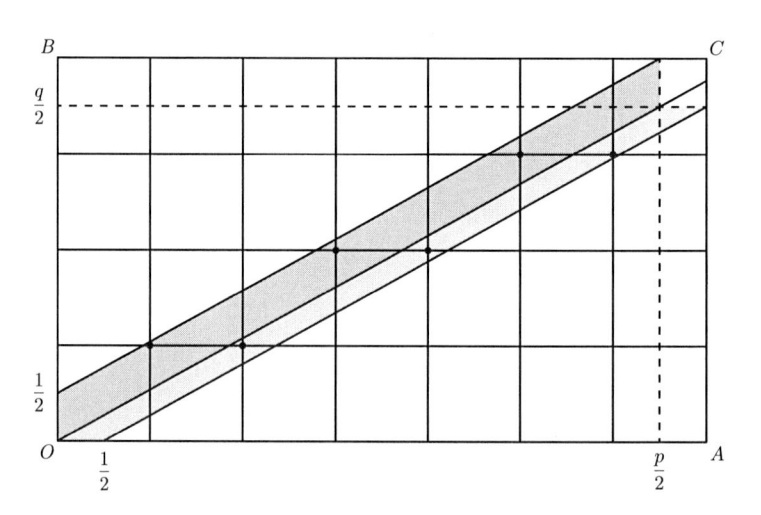

図 **3.1** 相互法則

もとめる格子点の個数を 2 を法として数えるため，平面上の原点 O と $A = ((p+1)/2, 0), B = (0, (q+1)/2), C = ((p+1)/2, (q+1)/2)$ を頂点とする長方形を考える．長方形 $OACB$ から n および m を数える二つの平行四辺形領域を除いた部分は，右上隅の内部に格子点を含まない正方形と，内部に同数 k 個の格子点を含む合同な 3 角形二つに分かれる．したがって，$OACB$ の内部に含まれる格子点の個数は $n + m + 2k$ であり，それは同時に

$$\frac{p-1}{2}\frac{q-1}{2}$$

に等しい．ゆえに

$$\left(\frac{p}{q}\right)\left(\frac{q}{p}\right) = (-1)^{m+n} = (-1)^{m+n+2k} = (-1)^{\frac{p-1}{2}\frac{q-1}{2}}$$

となる． □

補充法則は，じつは延々と拡張することができる余地があるが，徐々に表現が複雑になっていく．いくつかを演習問題として残す．

演習問題 3.3.13. つぎを示せ．

1) 素数 p が $p \equiv 1 \mod 8$ または $p \equiv 3 \mod 8$ のときに限り

$$\left(\frac{-2}{p}\right) = 1.$$

2) 素数 p が $p \equiv \pm 1 \mod 5$ のときに限り

$$\left(\frac{5}{p}\right) = 1.$$

3) 素数 p が $p \equiv \pm 1 \mod 12$ のときに限り

$$\left(\frac{3}{p}\right) = 1.$$

平方剰余の応用を二つ記す．

定理 3.3.14. 奇素数 p が二つの平方数の和として表されることと，$\left(\frac{-1}{p}\right) = 1$，すなわち $p \equiv 1 \mod 4$ は同値である．

証明. $p = x^2 + y^2$ とすると,p で法をとると $x^2 \equiv -y^2 \mod p$ であり,

$$(xy^{-1})^2 \equiv -1 \mod p.$$

したがって -1 は平方剰余である.

逆に -1 が平方剰余であるとすると,$r^2 \equiv -1 \mod p$ をみたす自然数 r が存在する.$0 \le x, y < \sqrt{p}$ をみたす整数の組 (x, y) の総数は真に p より大きく,したがって異なる組 $(x_1, y_1) \ne (x_2, x_2)$ で

$$x_1 - ry_1 \equiv x_2 - ry_2 \mod p$$

をみたすものが存在する.これより x_2 および ry_1 を移項して $x = |x_1 - x_2|$,$y = |y_1 - y_2|$ とおき両辺を自乗すれば,

$$x^2 \equiv r^2 y^2 \equiv -y^2 \equiv 0 \mod p.$$

したがって $x^2 + y^2 \equiv 0 \mod p$ となる.ここで $0 \le x, y < \sqrt{p}$ であり,さらに $(x, y) \ne (0, 0)$ であることから $0 < x^2 + y^2 < 2p$ であり,この x, y は $x^2 + y^2 = p$ をみたす. □

この命題を一般の数に拡張するとつぎのように定式化できるが,証明は演習とする.

演習問題 3.3.15. 合成数 n が二つの平方数の和として表されることと,n の 4 を法として 3 となる素因子がすべて平方であることは同値である.

これを使うとつぎの美しい定理が証明できる.証明は,たとえば高木貞治の名著[1]などを参照されたい.

定理 3.3.16. 任意の自然数は四つ以下の平方数の和として表される.

ルジャンドル記号を拡張する.

---

[1] 高木貞治:『初等整数論講義』共立出版,初版 1931 年,第 2 版 1971 年.

定義 3.3.17 (ヤコビ記号). n を正の奇数, $n = p_1 p_2 \cdots p_k$ をその素因数分解とする. ただし素因子は重複を許す. $(a, n) = 1$ に対し, ルジャンドル記号の拡張であるヤコビの記号を

$$\left(\frac{a}{n}\right) = \left(\frac{a}{p_1}\right)\left(\frac{a}{p_2}\right)\cdots\left(\frac{a}{p_k}\right)$$

により定義する. とくにヤコビ記号は $\{\pm 1\}$ に値をもつ.

コメント 3.3.18. ヤコビ記号は必ずしも 2 次合同式の解の存在には結びつかない. たとえば

$$x^2 \equiv a \mod n$$

の解が存在するためには, すべての $1 \leq i \leq k$ について $\left(\dfrac{a}{p_i}\right) = 1$ であることが必要である. しかもすべての $1 \leq i \leq k$ について $\left(\dfrac{a}{p_i}\right) = 1$ であるからといって, 解が存在するとは限らない. とするとヤコビ記号の役割が希薄に思えるが, 後で見るようにルジャンドル記号の計算簡略化に大きな貢献がある.

ヤコビ記号について, ルジャンドル記号と同様につぎが成り立つ.

定理 3.3.19. 1) $m \equiv m' \mod n$ ならば $\left(\dfrac{m}{n}\right) = \left(\dfrac{m'}{n}\right)$.

2) $\left(\dfrac{mm'}{n}\right) = \left(\dfrac{m}{n}\right)\left(\dfrac{m'}{n}\right)$. すなわち

$$\left(\frac{-}{n}\right) : (\mathbb{Z}/n\mathbb{Z})^\times \to \{\pm 1\}$$

は準同型.

3) m, n が正の奇数で $(m, n) = 1$ のとき,
 a) $\left(\dfrac{m}{n}\right)\left(\dfrac{n}{m}\right) = (-1)^{\frac{m-1}{2}\frac{n-1}{2}}$.
 b) $\left(\dfrac{-1}{n}\right) = (-1)^{\frac{n-1}{2}}$.
 c) $\left(\dfrac{2}{n}\right) = (-1)^{\frac{n^2-1}{8}}$.

証明. $n = p_1 p_2 \cdots p_k$ とする．

まず 1) について．任意の $1 \leq i \leq k$ について $m \equiv m' \mod p_i$ なので，
$$\left(\frac{m}{p_i}\right) = \left(\frac{m'}{p_i}\right).$$
したがってヤコビ記号の定義から命題が成立する．

2) については，
$$\left(\frac{mm'}{n}\right) = \prod_i \left(\frac{mm'}{p_i}\right)$$
$$= \prod_i \left(\frac{m}{p_i}\right)\left(\frac{m'}{p_i}\right)$$
$$= \prod_i \left(\frac{m}{p_i}\right) \prod_i \left(\frac{m'}{p_i}\right)$$
$$= \left(\frac{m}{n}\right)\left(\frac{m'}{n}\right)$$

より分かる．

3) について，まず b) を示す．左辺はヤコビ記号の定義により
$$\prod_{i=1}^{k} (-1)^{\frac{p_i-1}{2}} = (-1)^{\sum_i \frac{p_i-1}{2}}$$
となるので，
$$\sum_{i=1}^{k} \frac{p_i-1}{2} \equiv \frac{n-1}{2} \mod 2 \tag{3.8}$$
を示せばよい．これを k に関する帰納法で示す．$k=1$ の場合は自明である．$n = p_1 p_2 \cdots p_{k-1}$ について正しいとして np_k について考える．$(n-1)(p_k-1) \equiv 0 \mod 4$ なので，$np_k - 1 \equiv (n-1) + (p_k-1) \mod 4$ であり，したがって
$$\frac{np_k-1}{2} \equiv \frac{n-1}{2} + \frac{p_k-1}{2} \mod 2$$
が成り立ち，帰納法が完了．

つぎに c) について示す．左辺はヤコビ記号の定義により

$$\prod_{i=1}^{k}(-1)^{\frac{p_i^2-1}{8}} = (-1)^{\sum_i \frac{p_i^2-1}{8}}$$

となるので,

$$\sum_{i=1}^{k}\frac{p_i^2-1}{8} \equiv \frac{n^2-1}{8} \mod 2$$

を示せばよい.これを再度 k に関する帰納法で示す.$k=1$ の場合は自明である.$n = p_1 p_2 \cdots p_{k-1}$ について正しいとして np_k について考える.$(n^2-1)(p_k^2-1) \equiv 0 \mod 16$ なので,$n^2 p_k^2 - 1 \equiv (n^2-1) + (p_k^2-1) \mod 16$ であり,したがって

$$\frac{n^2 p_k^2 - 1}{8} \equiv \frac{n^2-1}{8} + \frac{p_k^2-1}{8} \mod 2$$

が成り立ち,こちらも帰納法が完了.

最後に a) を示す.そのため m の素因数分解を $m = q_1 q_2 \cdots q_l$ とする.ここで q_j は重複を許す.ヤコビ記号の定義と,それが準同型であることより

$$\left(\frac{m}{n}\right) = \prod_{i,j}\left(\frac{q_j}{p_i}\right)$$

である.同様の表示が $\left(\frac{n}{m}\right)$ に対してもえられる.それらの積をとると,

$$\left(\frac{m}{n}\right)\left(\frac{n}{m}\right) = \prod_{i,j}\left(\frac{q_j}{p_i}\right)\left(\frac{p_i}{q_j}\right) = \prod_{i,j}(-1)^{\frac{p_i-1}{2}\frac{q_j-1}{2}} = (-1)^{\sum_{i,j}\frac{p_i-1}{2}\frac{q_j-1}{2}}.$$

ここで (3.8) より

$$\sum_{i,j}\frac{p_i-1}{2}\frac{q_j-1}{2} = \sum_i\frac{p_i-1}{2}\sum_j\frac{q_j-1}{2} \equiv \frac{n-1}{2}\frac{m-1}{2} \mod 2$$

がしたがう. □

例 3.3.20. ヤコビの記号を導入したことにより,ルジャンドル記号の計算過程で素因数分解をパスすることができる.そのような例として $\left(\frac{365}{2011}\right)$ を計算する.ます相互法則から,

$$\left(\frac{365}{2011}\right) = \left(\frac{2011}{365}\right) = \left(\frac{186}{365}\right) = \left(\frac{2}{365}\right)\left(\frac{93}{365}\right)$$

である. さらに

$$\left(\frac{93}{365}\right) = \left(\frac{365}{93}\right) = \left(\frac{86}{93}\right) = \left(\frac{2}{93}\right)\left(\frac{43}{93}\right)$$

および

$$\left(\frac{43}{93}\right) = \left(\frac{93}{43}\right) = \left(\frac{7}{43}\right) = -\left(\frac{43}{7}\right) = -\left(\frac{1}{7}\right) = -1$$

なので,補充法則を用いれば

$$\left(\frac{365}{2011}\right) = \left(\frac{2}{365}\right)\left(\frac{2}{93}\right)(-1) = (-1)(-1)(-1) = -1$$

と計算される.

3.4 素 数 判 定

前節までで解説した初等整数論の知識をもとに,本節ではコンピュータの中の計算に多く使われている素数判定ついて解説する.

素数は無限個あることは 1.4 節で説明した. しかしその証明は構成的ではなく背理法を用いており,明示的に素数を無限個あたえた訳ではない. 実際,小さい方から列挙することは時間をかければ進むが,いつまでたっても終わらない. 小さい順という縛りをいとわずとしても,たとえば素数を一気に無限個あたえる方法はじつはまだ知られていないのである. この事実を机上の数学ではなく生の現実として考えると,人類が現在素数であることを確かめた数の内で一番大きいものがあるはずである. これが何かを確認する術はないが,大きな素数の生成に効果的なのが,p を素数としたとき

$$M_p = 2^p - 1$$

で定義されるメルセンヌ数である. メルセンヌ数は素数であるとは限らないが,素数のときメルセンヌ素数という. メルセンヌ数の素性判定については,

補題 3.4.1 (ルーカステスト). 数列

$$u_1 = 4, \quad u_{n+1} = u_n^2 - 2 \quad (n \geq 1)$$

を考える．このとき奇素数 p に対し，M_p が素数であることと，$M_p | u_{p-1}$ は同値である．

という命題が知られている．証明は他書にあずけるが，メルセンヌ数の素性判定はこの命題により 1 回の割り算で済むので単純である．しかしながら桁数が大きいと，実際に必要な計算量はそれほど甘くなく，そのためこれまでにメルセンヌ素数はわずかしか知られていない．1996 年以降は GIMPS (Great Internet Mersenne Prime Search) というグリッドコンピューティングの先駆けプロジェクトが先行し，2009 年の時点では 47 個のメルセンヌ素数が見つかっており，一番大きいのは

$$2^{43112609} - 1$$

である．ちなみに 10 進法では約 1300 万桁の数で，通常の版組で 1 ページに収まる数字の量を 4000 と見積もっても 3000 ページ強が必要であることは，コメントに値しよう．

一方，素数判定問題は一味違い，

> あたえられた自然数が素数であるか否かを判定せよ

と問いかける．あたえられた自然数 n は有限なので，n を 2 から始まる整数で順次割っていけば，$\lfloor \sqrt{n} \rfloor$ まで割り算を試すことによりいつかは素数か否かは分かる．ここで $\lfloor x \rfloor$ は x を超えない最大の整数を表す．したがって素数判定問題は誰にでも時間をかければ解ける問題なのである．では何が問題なのか？

知られている最大のメルセンヌ素数 $M_{43112609} = 2^{43112609} - 1$ は，10 進法で約 1300 万桁の数字である．この数が素数であるか否かを素朴に判定するのに必要な回数はおおむねその平方根で，約 $10^{6500000}$ 回となる．コンピュータに馴染みの深い単位としてキロ ($10^3 = $ 千)，メガ ($10^6 = $ 百万)，ギガ ($10^9 = $ 十億)，

テラ (10^{12} = 兆), ペタ (10^{15} = 千兆), エクサ (10^{18} = 百京) 等があるが, これらの桁をいとも簡単に超えてしまう. ある解説書によれば, じつは人類がこれまでにコンピュータに計算させたステップをもはるかに超えているそうだ. すなわち, 素数判定問題が問題にするのは, 判定のための計算量 (入力の複雑さに対し必要な計算のステップ数) であり, 実効のある効率のよいアルゴリズムの提案が期待されているのである.

もう少し問題を正確に定式化しよう. 入力データは 2 進数とし, サイズは桁数で測ることにする. このサイズは, 任意の自然数 $p \geq 2$ に対する p 進数に置き換えても違いは定数倍である. したがって, 入力データのサイズの大きさを測る尺度として, 桁数は数の展開の基数によらず有効である. ちなみに馴染みの深い 10 進数表記の桁数と 2 進数表記の桁数の違いはおおむね 3.32 倍である. 素数判定問題の真意は, 入力データ n の桁数に対して, 素数であるか否かを決定論的に判定するのに必要な計算ステップ数の n の桁数に関する漸近挙動の評価をもとめる問題である. この観点から, 前に記した小さい順に $\sqrt{n}$ までの数で割ってみるという素朴なアルゴリズムは, log で底数 2 の対数を表わすとすると, 10 進数入力 n の 2 進数表示の桁数がおおむね

$$k = \log n \ (= \log_2 n)$$

なので, 素数判定におおむね $\sqrt{2^k} = (\sqrt{2})^k$ の計算ステップが必要で, 漸近的には $\log n$ の指数オーダーで増大する計算量が必要ということである.

一方, 入力のサイズに対して計算量が漸近的に指数オーダーで増大するアルゴリズムは, 判定自身は可能だが結果がえられるまでに要する時間がすぐに天文学的になってしまう. それゆえ, 入力のサイズに対する計算量が漸近的に多項式オーダーであるアルゴリズムが存在するか否かが問題となっていた. この長年の問題は, 2002 年にインド人数学者アグラワルとその学生のカヤルとサクセナにより解決された. 本節は彼らのアルゴリズムを記すのが目標だが, その前に, 必ずしも決定論的ではないが実用上はたいへん有効な素数判定テストを二つ紹介する.

例 **3.4.2** (フェルマーテスト). フェルマーの小定理 (系 3.2.11) は, p が素数

のとき，任意の $(a,p)=1$ をみたす a に対して $a^{p-1} \equiv 1 \mod p$ を主張するが，この対偶をとると，

$$\exists a, \ s.t. \ (a,n)=1 \ \text{かつ} \ a^{n-1} \not\equiv 1 \mod n \implies n \text{ は素数でない}$$

となる．したがって n が素数でないことの十分条件として，様々な a について $a^{n-1} \not\equiv 1 \mod n$ をチェックするという手法が使える．

フェルマーの小定理の対偶は必要条件をあたえる訳ではなく，n と互いに素な任意の a について $a^{n-1} \equiv 1 \mod n$ が成立するからといって，n が素数とは断言できない．実際そのような数は存在し，カーマイケル数とよばれている．しかしカーマイケル数は稀である．フェルマーテストの有効性の評価を木田祐司の著書[*2)]から引用すると，10^2 から 10^8 までの数に対して $a=2,3,5,7$ としてフェルマーテストを行うと，$2,3,5,7$ の倍数を除いた被験対象は $22{,}857{,}120$ 個であり，そのうち素数は約 $1/4$ の $5{,}761{,}430$ 個だが，テストを通ってしまう非素数はわずか 175 個で，そのうち 163 個がカーマイケル数とのことである．フェルマーテストは素数判定の決定論的アルゴリズムではないが，たいへん高い確率で非素数性を判定する．

つぎにオイラーテストを紹介するが，そのシャープさを確認するためカーマイケル数の性質を一つ特記しておく．

補題 3.4.3. カーマイケル数 n は平方因子を含まない．

証明． 結論を否定し，n が平方因子を含むとする．すなわち n は素数 p により $n = p^e m$ ($e \geq 2$, $(p,m)=1$)，と表せたとする．このとき補題 3.2.18 により

$$(\mathbb{Z}/p^e\mathbb{Z})^\times \simeq \mathbb{Z}/(p-1)p^{e-1}\mathbb{Z}$$

なので，その生成元 g の位数は p の倍数であり，中国の剰余定理（定理 3.1.9）使って $a \equiv g \mod p$ かつ $a \equiv 1 \mod m$ となる a を選ぶと，a の $(\mathbb{Z}/n\mathbb{Z})^\times$

[*2)]　木田祐司：『初等整数論』朝倉書店，2001 年．

における位数は，
$$(\mathbb{Z}/n\mathbb{Z})^\times \simeq (\mathbb{Z}/p^e\mathbb{Z})^\times \times (\mathbb{Z}/m\mathbb{Z})^\times$$
の左の直積因子の構造から p の倍数である．一方，$n-1 = p^e m - 1$ は明らかに p の倍数ではないので $a^{n-1} \not\equiv 1 \mod n$ である．したがって n はカーマイケル数でない． □

例 3.4.4（オイラーテスト）．オイラーの規準（定理 3.3.8）は，p が素数で $(a,p)=1$ のとき $\left(\dfrac{a}{p}\right) \equiv a^{\frac{p-1}{2}} \mod p$ を主張するが，この対偶をとると，

$\exists a \ s.t. \ (a,n)=1$ かつ $\left(\dfrac{a}{n}\right) \not\equiv a^{\frac{n-1}{2}} \mod n \implies n$ は素数でない

となる，ただし左辺はヤコビ記号と解釈する．したがって n が素数でないことの十分条件として，n と互いに素な a について $\left(\dfrac{a}{n}\right) \not\equiv a^{\frac{n-1}{2}} \mod n$ をチェックするという手法が使える．

オイラーテストをフェルマーテストと比較しよう．n が a に関してはオイラーテストで素数の可能性があると判定されたとする．このとき判定式の右辺の $a^{\frac{n-1}{2}} \mod n$ はヤコビ記号の定義により ± 1 であり，したがって $a^{n-1} \equiv 1 \mod n$ である．これは n を a を使ってフェルマーテストしても，素数でないことは分からず，オイラーテストで素数であることが否定できなければ，フェルマーテストでも同様に否定できないことを意味する．つまり，オイラーテストはフェルマーテストよりも強い．実際，オイラーテストはある意味で万能でつぎが成り立つ．

補題 3.4.5. $n > 1$ を自然数とする．$(a,n)=1$ をみたす任意の a について
$$\left(\dfrac{a}{n}\right) \equiv a^{\frac{n-1}{2}} \mod n$$
であれば，n は素数である．ここで左辺の括弧はヤコビ記号．

証明． n がオイラーテストで素数の可能性ありと判定されたとすると，フェルマーテストでも同様に判定される．したがって n はカーマイケル数である．補

題 3.4.3 によりカーマイケル数は平方因子を含まない．そこで n を合成数とする．このとき p を n の素因子とすると n/p は p と互いに素である．p の平方非剰余を何でもよいから一つ選び b とおくと，

$$a \equiv \begin{cases} b \mod p \\ 1 \mod n/p \end{cases}$$

をみたす a が中国の剰余定理（定理 3.1.9）により存在する．したがってヤコビ記号の定義により

$$\left(\frac{a}{n}\right) = -1$$

であるが，左辺は仮定により n を法として $a^{\frac{n-1}{2}}$ に等しい．したがって

$$a^{\frac{n-1}{2}} \equiv -1 \mod n$$

である．とくに $a^{\frac{n-1}{2}} \equiv -1 \mod n/p$ となるが，これは a のみたすべき条件の一方の $a \equiv 1 \mod n/p$ に矛盾する．したがって n は素数である． □

これによりすべての $1 \leq a \leq n$ についてオイラーテストを実行すれば n が素数と断定できるが，そのためには n 回の計算が必要である．この数の漸近挙動は入力の桁数 $\log n\,(=\log_2 n)$ の指数オーダーであり，よく考え直してみると，小さい数から順次割っていくよりも計算の効率が悪い．

しかしながら，オイラーテストはフェルマーテストより確率論的有用性が高いことをはコメントしておきたい．再度木田祐司の著書を引用すると，10^2 から 10^8 までの数に対して $a = 2, 3, 5, 7$ として，フェルマーテストのときと同条件で a を制限したオイラーテストを行うと，テストを通ってしまう非素数はわずか 49 個という．すなわち，オイラーテストは素数判定の決定論的アルゴリズムではないが，フェルマーテストよりもさらに高い確率で非素数性を判定することができる．

つぎの定理は 2004 年にプリンストン大学とプリンストンの高等研究所の紀要である数学の超一流専門誌 Annals of Mathematics に公表されたが，そのタイトルは，素数判定に対する決定的結果をわずか四つの単語で宣言した「PRIME is in P」である.

定理 3.4.6 (アグラワル–カヤル–サクセナ[*3]).　素数判定問題は多項式オーダーのアルゴリズムをもつ.

以下,出版された論文にしたがってこの定理の構成的証明の概要を解説する.計算量の評価のためオーダーの記号を復習しておく.自然数 $\mathbb{N}$ 上で定義された関数 f, g について,

$$\exists n_0, \exists c > 0 \; s.t. \; \forall n \geq n_0, \; f(n) \leq cg(n)$$

のとき

$$f \in O(g)$$

で表す.先にも注意したように,計算論は入力 n の桁数のサイズ $\log n$ に関して多項式に収まるか否かが話題なので,比較規準となる g が $\log n$ の多項式か n の多項式が入ってくるかが分かれ目である.ビット単位の仔細な計算ステップ勘定はおおむね無視して,原論文の記号に合わせて,$\log g$ の任意の多項式 P に対して $O(g \cdot P(\log g))$ のクラスを総称して $O\tilde{\;}(g)$ で表すことにする.

スタートは,フェルマーの小定理を拡張する以下の補題である.

補題 3.4.7.　$(a, n) = 1$ とする.n が素数であることと

$$(X + a)^n \equiv X^n + a \mod n$$

であることは同値.

証明.　n が素数なら,左辺を展開したとき k 次の項の係数は $\binom{n}{k}$ となり,$1 \leq k \leq n - 1$ のときは n で約せるので合同式がえらえる.

n が合成数のときは,一つの素因子を p とすると $n = p^e m$, $(p, m) = 1$ と

[*3]　M. Agrawal, N. Kayal and S. Saxena : PRIME is in P, Ann. of Math., 160 (2004), 781-793.

表せる．このとき X^p の係数は

$$\binom{n}{p} = \frac{n(n-1)\cdots(n-(p-1))}{p!}$$
$$= \frac{p^e m(p^e m-1)\cdots(p^e m-(p-1))}{p!}$$
$$\not\equiv 0 \mod p^e$$

である．これは命題の合同式が成立しないことを意味する． □

補題 3.4.7 の判定条件を確かめるため，あたえられた n に対して $(X+a)^n$ を素朴に計算すると，各次数で X^k の係数をもとめるために最低 $n-1$ 回の計算ステップが必要である．これでは計算量は $\log n$ の多項式オーダーで抑えられない．そこでアグラワル等は計算量を減らすためのパラメータ r を導入して，

$$(X+a)^n \equiv X^n + a \mod (n, X^r - 1) \tag{3.9}$$

という条件を考えた．この合同式は，整数係数多項式環において，左辺と右辺の差が n と $X^r - 1$ で生成されるイデアルに含まれることを意味する．条件 (3.9) が必要条件であることは，n が素数なら補題 3.4.7 に比べ法の条件が大きくなっているので容易に分かる．しかし十分であることは，n が合成数でも r や a の値によっては成り立ってしまう可能性があり明らかでなく，その場合はさらなる考察が必要になる．しかしながら，$X^r - 1 = 0$ という関係は r 次以上の次数の多項式を消すので計算量は r の取り方に依存する．n の増大度に対して r の増大度が $\log n$ の多項式程度で収まるような制御が可能であれば何とかなると考えたのではないだろうか．アグラワルらのアルゴリズムを紹介する前に，前処理のためのベキ乗を判定する算法を説明しておく．

算法 3.4.8 (ベキ乗テスト)．あたえられた自然数 n がある数のベキになっているか否かを判定するプログラムの計算量を考える．かりに $n = a^k$ と表せたとすると，

$$\log n = k \log a \geq k \log 2 = k$$

なので，候補となるベキ k は $\log n$ 以下である．そこで $\sqrt[k]{n}$ を $2 \leq k \leq \lfloor \log n \rfloor$

の範囲で調べればよい．安易な計算の手続きとして，n の k 乗根 $\sqrt[k]{n}$ の近似値を逐次近似法で高速にもとめ，整数に近ければその k 乗を計算して確かめるということをすれば，おおむね $\log n$ のオーダーで計算可能．知られている整数計算アルゴリズムの最良の計算オーダーは，

$$O^\sim(\log^3 n)$$

で，整数ベキ根アルゴリズムとして参考文献[*4)]に記されている．いずれにしても $\log n$ の多項式オーダーに収まる．

アルゴリズムを記述するため記号を一つ準備する．$r \in \mathbb{N}$, $a \in \mathbb{Z}$ で $(r,a) = 1$ のとき，$ord_r(a)$ を a の $(\mathbb{Z}/r\mathbb{Z})^\times$ における位数とする．すなわち $a^k \equiv 1 \mod r$ をみたす最小の正の整数 k である．$(\mathbb{Z}/r\mathbb{Z})^\times$ の位数はオイラー関数の r における値 $\varphi(r)$ なので，$(a,r) = 1$ をみたす $a \in \mathbb{Z}$ について $ord_r(a) | \varphi(r)$ が成り立つ．

素数判定を多項式時間で行うためのアルゴリズムとして，アグラワル–カヤル–サクセナは以下を提案した．

算法 3.4.9. AKS アルゴリズムの計算手続き：
入力：2 以上の整数 n．
1. n がベキ乗テストによりベキ乗と判定されたら,「合成数」と出力する．
2. $ord_r(n) > \log^2 n$ をみたす最小の r を見つける．
3. ある $1 < a \leq r$ について $1 < (a,n) < n$ のとき,「合成数」と出力する．
4. $n \leq r$ のとき,「素数」と出力する．
5. $1 \leq a \leq \lfloor \sqrt{\varphi(r)} \log n \rfloor$ について $(X+a)^n \not\equiv X^n + a \mod (X^r - 1, n)$ が確認されたとき,「合成数」と出力する．
6. 確認されなかったとき,「素数」と出力する．

計算量の考察は後回しにして，まずこのアルゴリズムが正しく動くことを順

[*4)] J. von zur Cathen and J. Gerhard : Modern Computer Algebra, Cambridge Univ. Press, 1999.

を追って説明する.

補題 3.4.10. n が素数であれば，アルゴリズムは「n は素数」を出力する．

証明． 入力が素数のとき，ステップ 1 およびステップ 3 で「合成数」と出力されることはない．ステップ 5 においても，補題 3.4.7 から「合成数」と出力されることはない． □

後は，入力 n が合成数だったとき「素数」と出力されることはないことを確かめる．n がベキ乗数であったときはステップ 1 で排除される．じつはこれはステップ 6 の出力のための前処理で，以降の議論はやや複雑である．

話を先に進めるため，初等整数論における分かりやすい命題の一つを補題として証明なしで挟む．対象は，1 から m までの整数の最小公倍数 LCM(m) である．この数は漸近的には増大するが，たとえば

補題 3.4.11. $m \geq 7$ であれば

$$\text{LCM}(m) \geq 2^m$$

が成り立つ．

ちなみに $m = 6$ のときは，$\text{LCM}(6) = 2^2 \cdot 3 \cdot 5 = 60 \not\geq 2^6 = 64$ であり，m に関する仮定は必要である．

つぎの補題はアルゴリズムのなかでキーとなる r をもとめる計算量を多項式オーダーに押さえる．

補題 3.4.12. n に対し，$r \leq \max\{3, \lceil \log^5 n \rceil\}$ かつ $ord_r(n) > \log^2 n$ をみたす r が存在する．ここで $\lceil x \rceil$ は x 以上の最小の整数を表す．

証明． $n = 2$ のときは $r = 3$ が条件をみたす．$n > 2$ とすると $\lceil \log^5 n \rceil > 10$ なので，補題 3.4.11 より

$$\mathrm{LCM}(\lceil \log^5 n \rceil) \geq 2^{\lceil \log^5 n \rceil} \tag{3.10}$$

が成り立つ. 一方, $r_1, r_2, \cdots, r_t$ を $ord_{r_i}(n) \leq \log^2 n$ か $r_i | n$ をみたすすべての正整数とする. 前者の r_i は $n^{ord_{r_i}(n)} \equiv 1 \mod r_i$ をみたすので $n^{ord_{r_i}(n)} - 1$ を割り切る. したがって各々は積

$$n \prod_{i=1}^{\lfloor \log^2 n \rfloor} (n^i - 1) < n^{\log^4 n} = 2^{\log^5 n} \tag{3.11}$$

の約数である.

そこで (3.10) と (3.11) を比較すれば, $r_1, r_2, \cdots, r_t$ ではない数 $s \leq \lfloor \log^5 n \rfloor$ が存在する. もし $(s, n) = 1$ であれば, $ord_s(n) > \log^2 n$ なので証明が終わる. $(s, n) > 1$ のときは, 定義により s は n の約数ではなく, かつ (s, n) は n の約数であり $(s, n) \in \{r_1, r_2, \cdots, r_t\}$ なので, $r = \dfrac{s}{(s, n)} \notin \{r_1, r_2, \cdots, r_t\}$. とくに $ord_r(n) > \log^2 n$ となる. □

この命題により, r は n の関数による上界・下界があるので計算可能となる. えられた r に対して, ステップ 3 は n が r 以下の因子をもつ可能性を排除する. ステップ 4 は r 以下の n について「素数」と出力するが, 合成数の場合はステップ 3 で排除されているので, 残りは確かに素数でありステップ 4 の出力は正しい. ところで $ord_r(n) > 1$ なので, n の素因子 p で $ord_r(p) > 1$ となるものが存在する. ステップ 3, 4 で残った n は r 以下の素因子を含まずかつ r 以上なので, $p > r$ である. さらに $(n, r) = 1$ なので p, n は乗法群 $(\mathbb{Z}/r\mathbb{Z})^\times$ の要素である. 以降では p, r を固定して $\ell = \lfloor \sqrt{\varphi(r)} \log n \rfloor$ とおく.

ステップ 5 の出力が正しいことは補題 3.4.7 による. ステップ 6 が正しいことは, つぎの補題と前処理であるステップ 1 による.

補題 3.4.13. ステップ 5 のループで合成数と出力されない n は素数のベキに限られる.

証明の概略. ステップ 5 は最大 ℓ 個の合同式を確認することになる. もし途中でチェックに引っかからなかったとすると, 任意の $0 \leq a \leq \ell$ に対して

$$(X+a)^n \equiv X^n + a \mod (X^r - 1, n)$$

が成り立つ. $p|n$ なので

$$(X+a)^n \equiv X^n + a \mod (X^r - 1, p).$$

さらに補題 3.4.7 より

$$(X+a)^p \equiv X^p + a \mod (X^r - 1, p).$$

この二つの合同式から,任意の $0 \leq a \leq \ell$ に対して

$$(X+a)^{\frac{n}{p}} \equiv X^{\frac{n}{p}} + a \mod (X^r - 1, p)$$

が成り立つ.すなわち n と $\dfrac{n}{p}$ は合同式上は素数のように振る舞う.このことをつぎのような概念で定義する.

定義 3.4.14. $f(X)$ を多項式とする. $m \in \mathbb{N}$ が

$$(f(X))^m = f(X^m) \mod (X^r - 1, p)$$

をみたすとき, m は f に関して内省的 (introspective) という.

たとえば,任意の $0 \leq a \leq \ell$ に対して $f = X + a$ は $n, \dfrac{n}{p}, p$ に関して内省的である.このとき

1) m, m' が f に関して内省的であれば,積 $m \cdot m'$ も f に関して内省的である.
2) m が f, g に関して内省的であれば, m は積 $f \cdot g$ に関して内省的である.

の二つの主張が成り立つ.証明はさほど難しくなく,読者の演習問題に残す.

以上から,

$$I = \left\{ \left(\frac{n}{p}\right)^i \cdot pj \, ; \, i, j \leq 0 \right\}$$

は,

$$P = \left\{ \prod_{a=0}^{\ell} (X+a)^{e_a} \, ; \, e_a \leq 0 \right\}$$

の任意の多項式に対して内省的である．ここで二つの群を考える．一つは I に含まれる数の r に関する剰余類がなす群 G である．$(n,r) = 1 = (p,r)$ より，G は $(\mathbb{Z}/r\mathbb{Z})^\times$ の部分群となるが，さらに $ord_r(n) > \log^2 n$, $|G| > \log^2 n$ より，G は n と p で生成される部分群である．

もう一つ群を定義する．$Q_r(X)$ を $\mathbb{F}_p$ 上の r 次円分多項式とする．$Q_r(X)$ は $ord_r(p)$ 次の既約多項式に分解され，$h(X)$ をその一つの既約因子とする．もう一つの群 $\mathcal{G}$ は，$\mathbb{F}_p[X]/(h(X))$ において $X, X+1, X+2, \cdots, X+\ell$ で生成される乗法的部分群とする．

ここで再度，原論文からキーとなる命題を引用する．証明は原論文を参照してほしい．

命題 3.4.15. つぎが成り立つ．
1) $|\mathcal{G}| \geq \binom{|G| + \ell}{|G| - 1}$.
2) n が素数のベキでなければ $|\mathcal{G}| \leq n^{\sqrt{|G|}}$.

この命題を仮定して補題を証明しよう．ステップ 5 が出力しなかったとすると，$\ell = \lfloor \sqrt{\varphi(r)} \log n \rfloor$ なので

$$|\mathcal{G}| \geq \binom{|G| + \ell}{|G| - 1}$$
$$\geq \binom{\ell + 1 + \lfloor \sqrt{|G|} \log n \rfloor}{\lfloor \sqrt{|G|} \log n \rfloor}$$
$$\geq \binom{2\lfloor \sqrt{|G|} \log n \rfloor + 1}{\lfloor \sqrt{|G|} \log n \rfloor}$$
$$> 2^{\lfloor \sqrt{|G|} \log n \rfloor + 1}$$
$$\geq n^{\sqrt{|G|}}$$

したがって，ステップ 5 で「合成数」と出力されない n は素数のベキに限られる．しかしそれらは，前処理のステップ 1 で排除されている． □

以上でアルゴリズムは決定論的であることが分かった．後はこのアルゴリズ

ムの計算量が入力サイズに対して多項式オーダーで収まっているかを確かめる.

定理 3.4.6 の計算量の評価. 各段階の計算量は以下の通りである. 細かな計算は省略するが, たとえば数論アルゴリズムをまとめた中村憲の著書[*5]の各所に対応するアルゴリズムの計算量が記されているので参照されたい.

ステップ 1 はよく研究されており, たとえば算法 3.4.9 で記した通り, $\tilde{O}(\log^3 n)$ のアルゴリズムがある.

ステップ 2 は一つのポイントである. $ord_r(n) > \log^2 n$ をみたす r を確定するのには, $k \leq \log^2 n$ をみたす整数 $k \geq 1$ に対し $n^k \not\equiv 1 \mod r$ をすべて確認する必要がある. 固定された r については $O(\log^2 n)$ 回の r を法とする剰余の積が必要であり, そのオーダーは $\tilde{O}(\log^2 n \log r)$. また補題 3.4.12 より, 調べるべき r の個数は最大限 $O(\log^5 n)$ なので, 必要な計算量のトータルは $\tilde{O}(\log^7 n)$ である.

ステップ 3 では, r 個の数の組の最小公倍数をもとめる必要がある. 各最小公倍数の計算に必要な計算量は $O(\log n)$ であり, したがって全計算量は $O(r \log n) = O(\log^6 n)$ となる.

ステップ 4 の計算量は $O(\log n)$ である.

ステップ 5 では, $\lfloor \sqrt{\varphi(r)} \log n \rfloor$ 個の方程式を確認することになる. 各方程式は, 係数のサイズが $O(\log n)$ の次数 r の多項式のオーダー $O(\log n)$ の積が必要であり, したがって各方程式は $\tilde{O}(r \log^2 n)$ 時間で確認でき, トータルの計算量は $\tilde{O}(r\sqrt{\varphi(r)} \log^3 n) = \tilde{O}(r^{\frac{3}{2}} \log^3 n) = \tilde{O}(\log^{21/2} n)$ となる. この計算時間が一番大きいが, $\log n$ の多項式のオーダーで収まっている. □

[*5] 中村 憲:『数論アルゴリズム』朝倉書店, 2009 年.

索　引

欧文・記号

Aut X　31
$b(\mathcal{G})$　81
$\chi(\Delta)$　113
C_n　71
$\deg v$　67
F_n　74
G/H　34
$\mathcal{G} - U$　84
$\mathbb{H}$　105
$\mathbb{K}$　105
$\kappa(\mathcal{G})$　85
$\kappa(v, w; \mathcal{G})$　90
K_n　72
$K_{n,m}$　73
k 次元面　109
$R(n)$　97
$\mathfrak{S}_n$　28
Θ_n　72
V_I　93
$\lceil x \rceil$　161
$\lfloor x \rfloor$　153
$(\mathbb{Z}/N\mathbb{Z})^\times$　134

ア　行

余り　22

位数（群の）　29
位数（元の）　129
位相同型　66
一様収束　20

ウォーク　67

エッジ　62
円順列　27
円分多項式　51

オイラーテスト　156
オイラーの基準　143
オイラーの定理　135
オイラー標数　78, 113

カ　行

カーマイケル数　155
階数付き自由リー代数　55
階層化　109, 110
回転　94
回転距離　97
回転グラフ　97
ガウスの補題　145
可視化　64, 66
カタラン数　12
括弧積　56
関係式　75
完全グラフ　72
完全 2 部グラフ　73

木　70
幾何学的可視化　67
軌道　34
逆元　28
曲面　114

グラフ　62
群　28
群作用　31

形式的ベキ級数　2
形式的ベキ級数環　3
ケーリーグラフ　73
結合法則　28
結婚定理　88
原始 n 乗根　51

効果的　33
合同　126
合同式　126
公倍数　23
公約数　23
骨格　110
固定群　34
固定点集合　33

サ　行

サイクル　71
サイクル数　81
最小公倍数　23
彩色数　116
サイズ（全二分木の）　93
最大公約数　23
細分　72
差グラフ　84

次元　109
自己同型写像　64
自己同型群　31
指数　35, 67
指数型母関数　14
子孫　70
射影モデル　105
自由群　74
シュレフリー記号　111
巡回指数　37
巡回置換　29
準同型　31

商　22
上半平面モデル　105
乗法群　134
剰余　22
剰余類　34
除法定理　22

正 12 面体群　76
正規表現　32
正規閉包　74
生成元集合　74
正多面体　111
正方形トーラス　119
切断　84
全域木　80
線形漸化式　9
先祖　70
全二分木　93

双曲平面　104
双曲幾何　104
双曲面モデル　105
ソート　92
測地的空間　67

タ　行

第一補充法則　144
対角線集合　61
対称群　28
対称順序　93
代数学の基本定理　136
対数型母関数　14
第二補充法則　144
多重パス　71
多重辺　62
多重辺選択関数　62
多面体　110
単位元　28
短完全列　132
単純グラフ　62
単体　81
端末　69

索　引

チェイン群　81
チェイン復体　81
置換　28
置換群　36
中国の剰余定理　129
頂点　62
頂点集合　62
重複円順列　27, 44, 52
重複組合せ　5
超平面　107
直積（群の）　131

ディリクレ母関数　47
ディリクレ級数（形式的）　47

同型（グラフの）　63
同型（群の）　31
同型写像　31
同型類（グラフの）　40
トーラス　45
凸多面体　108

ナ　行

内省的　163
内部ノード　93

二分木　69
二分探索　68

濃度　7
ノード　62

ハ　行

倍数　23
パス　68
ハミルトンサイクル　100

非線形漸化式　10
表示　75

フィボナッチ数列　9
フェルマーテスト　154

フェルマーの小定理　136
部分グラフ　68
フラーレン　75
フリップ　96
分解　132
分割数　15
分離　86

閉半空間　107
平方剰余　142
平方剰余の相互法則　144
平方非剰余　142
平面的　115
ベキ級数型母関数　2
ベルヌーイ数　14
辺　62
辺選択関数　62
ペンタゴン　120
ペンタゴンルール　103

包除の原理　53
母関数　2
ホモトピー　83
ホモトピー同値　83
ホモトピック　83
ホモロジー群　81

マ　行

向き付け可能　114
無限積（関数列の）　20
無限積（数列の）　19

メビウス関数　49
メビウスの反転公式　50
メビウスの反転公式（乗法版）　50
メルセンヌ数　152
メンガーの定理　86

森　80

ヤ　行

約数　23

ヤコビ記号　149
ヤコビ恒等式　56

有限グラフ　67
有限生成群　74
有限表示可能　74

ラ　行

理想 3 角形　105
隣接行列　63

ルーカステスト　153

ルート　69
ループ　62
ルジャンドル記号　142

連結グラフ　68
連結度　85

ローレンツ計量　104

ワ　行

歪対称関係式　56

著者略歴

小
こ
島
じま
定
さだ
吉
よし

1952 年　大阪府に生まれる
1978 年　東京大学大学院理学系研究科修士課程修了
1981 年　コロンビア大学博士課程修了
現　　在　東京工業大学大学院情報理工学研究科教授・Ph. D.
主　著　『トポロジー入門』（共立出版，1998 年）
　　　　『多角形の現代幾何学 増補版』（牧野書店，1999 年）
　　　　『3 次元の幾何学』（朝倉書店，2002 年）

現代基礎数学 14
離　散　構　造　　　　　　　　　　　定価はカバーに表示

2013 年 3 月 5 日　初版第 1 刷
2021 年 11 月 25 日　　　第 3 刷

著　者　小　島　定　吉
発行者　朝　倉　誠　造
発行所　株式会社　朝　倉　書　店

東京都新宿区新小川町6-29
郵便番号　162-8707
電話　03(3260)0141
FAX　03(3260)0180
https://www.asakura.co.jp

〈検印省略〉

© 2013〈無断複写・転載を禁ず〉　　　　　中央印刷・渡辺製本

ISBN 978-4-254-11764-6　C 3341　　Printed in Japan

JCOPY ＜出版者著作権管理機構　委託出版物＞

本書の無断複写は著作権法上での例外を除き禁じられています．複写される場合は，そのつど事前に，出版者著作権管理機構（電話 03-5244-5088, FAX 03-5244-5089, e-mail: info@jcopy.or.jp）の許諾を得てください．

好評の事典・辞典・ハンドブック

数学オリンピック事典	野口　廣 監修　B5判 864頁
コンピュータ代数ハンドブック	山本　慎ほか 訳　A5判 1040頁
和算の事典	山司勝則ほか 編　A5判 544頁
朝倉 数学ハンドブック［基礎編］	飯高　茂ほか 編　A5判 816頁
数学定数事典	一松　信 監訳　A5判 608頁
素数全書	和田秀男 監訳　A5判 640頁
数論＜未解決問題＞の事典	金光　滋 訳　A5判 448頁
数理統計学ハンドブック	豊田秀樹 監訳　A5判 784頁
統計データ科学事典	杉山高一ほか 編　B5判 788頁
統計分布ハンドブック（増補版）	蓑谷千凰彦 著　A5判 864頁
複雑系の事典	複雑系の事典編集委員会 編　A5判 448頁
医学統計学ハンドブック	宮原英夫ほか 編　A5判 720頁
応用数理計画ハンドブック	久保幹雄ほか 編　A5判 1376頁
医学統計学の事典	丹後俊郎ほか 編　A5判 472頁
現代物理数学ハンドブック	新井朝雄 著　A5判 736頁
図説ウェーブレット変換ハンドブック	新　誠一ほか 監訳　A5判 408頁
生産管理の事典	圓川隆夫ほか 編　B5判 752頁
サプライ・チェイン最適化ハンドブック	久保幹雄 著　B5判 520頁
計量経済学ハンドブック	蓑谷千凰彦ほか 編　A5判 1048頁
金融工学事典	木島正明ほか 編　A5判 1028頁
応用計量経済学ハンドブック	蓑谷千凰彦ほか 編　A5判 672頁

価格・概要等は小社ホームページをご覧ください．